配电变压器绕组材质鉴别技术

钱国超　沈龙　颜冰　王山　邹德旭　等　著

西南交通大学出版社

·成　都·

图书在版编目（CIP）数据

配电变压器绕组材质鉴别技术 / 钱国超等著. 一成都：西南交通大学出版社，2021.6
ISBN 978-7-5643-8089-2

Ⅰ. ①配… Ⅱ. ①钱… Ⅲ. ①配电变压器 – 绕组 – 材料 – 鉴别 Ⅳ. ①TM421

中国版本图书馆 CIP 数据核字（2021）第 130016 号

Peidian Bianyaqi Raozu Caizhi Jianbie Jishu

配电变压器绕组材质鉴别技术

钱国超　沈龙　颜冰　王山　邹德旭 / 等著　　　　责任编辑 / 李芳芳
　　　　　　　　　　　　　　　　　　　　　　封面设计 / 吴　兵

西南交通大学出版社出版发行
（四川省成都市金牛区二环路北一段 111 号西南交通大学创新大厦 21 楼　610031）
发行部电话：028-87600564　　028-87600533
网址：http://www.xnjdcbs.com
印刷：四川煤田地质制图印刷厂

成品尺寸　185 mm×240 mm
印张　13.25　　字数　258 千
版次　2021 年 6 月第 1 版　　印次　2021 年 6 月第 1 次

书号　ISBN 978-7-5643-8089-2
定价　68.00 元

《配电变压器绕组材质鉴别技术》
编 委 会

前言
PREFACE

　　配电变压器是配网的核心设备之一，其质量直接影响最终电网的供电可靠性。近年来，我国配电变压器制造业发展迅速，市场竞争激烈，配电变压器抽查合格率不高，设备质量堪忧，部分企业为降低生产成本，甚至绕组采用"以铝代铜"，给电网运行埋下安全隐患。

　　"十三五"期间，我国配电网建设改造投资1.7万亿元，其中配电变压器占较大比例，需求量大，市场前景广阔。当前，国家提出加快推进供给侧结构性改革，实施质量强国战略，对质量提出了更高的要求。开展配电变压器绕组材质辨识方法研究，加强质量风险管控，对保证供货质量和电网安全运行具有重要意义。本书针对配电变压器绕组材质检测，以热电效应法和反推演算法为重点，从配电变压器结构特点、研究现状、现有技术分析三个环节，全面介绍了配电变压器的绕组材质检测方法，并给出了热电效应法和反推演算法的应用案例。

　　本书共6章，主要内容如下：

　　第1章配电变压器结构特点：主要介绍配电变压器结构特点，让读者对配电变压器的结构特点有个初步认识。

　　第2章配电变压器绕组铜铝材质现状：着重介绍了目前铜材与铝材绕组变压器的特性对比、绕组材质鉴别方法和铜铝材料特性的对比分析，使读者能够对配电变压器绕组铜铝材质研究现状有一个充分的了解。

　　第3章配变绕组材质现有检测评估技术：从变压器性能参数分析切入，详细介绍了目前配电变压器绕组材质的鉴别方法，使读者能够对配电变压器绕组材质检测现状有所了解。

　　第4章热电效应法评估技术、第5章反推演算评估技术：着重对基于热电效应的绕组材质评估技术和反推演算评估技术进行详细介绍，使读者能够全面深入地了解这两种鉴别评估方法的原理和评估流程。

第 6 章实例检测评估分析：主要介绍了热电效应法和反推演算法鉴别配电变压器绕组材质的具体应用案例，以便对这两种方法的可靠性和有效性进行验证。

本书在编写过程中得到了相关单位的大力支持和帮助，谨在此表示由衷的感谢。

由于编者水平有限，书中不足之处在所难免，恳请读者不吝赐教。

编　者
2021 年 5 月

目 录
CONTENTS

配电变压器结构特点

1.1 引　言

　　变压器根据绕组材质的不同可分为铜绕组变压器和铝绕组变压器。国际标准和国家标准都没有对绕组材质进行明确规定，只要变压器能满足标准给出的电气、机械和发热等性能要求就都可以使用。但由于各方面的原因，铝绕组变压器在国内外的发展和应用有着很大的不同。

　　国外第一台铝绕组变压器出现在 1917 年的德国，第二次世界大战时由于铜的缺乏及铜价的上涨，许多国家开始研制和生产铝绕组变压器。第二次世界大战以后，由于其在经济上的优势，铝绕组变压器得到了进一步的发展。目前铝导体已成为国际配电变压器行业主流产品，统计数据表明，其应用比例分别达到美洲 50%、欧洲 60%、韩国和日本 70%、沙特 50%、泰国 90%。许多国外知名企业如西门子、ABB 等都在生产和销售铝绕组变压器，出口到中国的配电变压器绝大部分也是铝绕组变压器。

　　国内铝绕组变压器的发展和应用经历了两次大的起落。第一次起落主要由于国家"以铝代铜"政策的影响。1958 年上海电机厂生产出第一台铝绕组变压器，1966 年西安高压电器研究所顺利地进行了 110 kV 铝绕组变压器的突发短路试验。从此我国的铝绕组变压器产量开始激增，到了 70 年代，铝绕组变压器产量占总产量 80%以上，在铝绕组变压器使用的总容量和数量方面，我国已处于世界领先地位。但到了 70 年代末期，由于国家政策改变等原因，铝绕组变压器的占比开始回落。图 1.1 为 1960—1980 年间

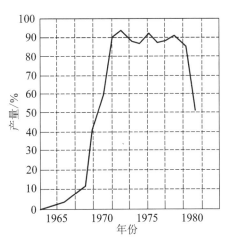

图 1.1　沈阳变压器厂铝绕组变压器占总产量的比例

沈阳变压器厂铝绕组变压器占总产量的比例，这段时间的比例变化反映了铝绕组变压器发展的第一次起落。

20世纪80年代以后，由于大量运行中的铝绕组变压器出现越来越多的问题，许多制造厂商停止了对铝绕组变压器的生产。同时，随着国家节能措施的推进，铝绕组变压器越来越少，到了21世纪已基本淘汰。但近年来，由于国内外铜价居高不下，铝绕组变压器的数量又呈现大幅度增加的趋势。目前市面上存在的铝绕组变压器绝大部分属于生产厂家为了经济利益将绕组由铜线换为铝线的情况，电力用户在购买和运行时并不知情。由于变压器生产企业数量巨大，各企业生产的铝绕组变压器质量参差不齐，性能得不到保证。这种"以铝充铜"的变压器进入电网，会给电力系统的运行带来巨大的安全隐患；同时，将铝绕组变压器按铜绕组变压器进行销售，对电力用户的经济也造成了损失。因此，目前国内特别是国内的电网公司非常希望找到一种铝绕组变压器的鉴别方法，甄别出电力系统中的劣质铝绕组变压器，减少安全隐患，降低经济损失。

铝绕组变压器在国内外的发展和应用存在着较大差异，主要原因在于国内对于铝绕组变压器的性能存在着担忧，对于是否应该推广铝绕组变压器存在着巨大的分歧。本章从铜材与铝材绕组变压器的结构参数出发，对铜材与铝材绕组变压器的各项特性进行了全面的对比分析，有利于用户清楚准确地认识铝绕组变压器的优点和不足，对其应用和发展具有一定的指导意义。

国内现有铝绕组变压器的制造工艺和安全性能得不到保证，这些劣质铝绕组变压器将极大地增加变压器损坏的风险，使整个电力系统运行过程存在安全隐患。因此，必须加强变压器绕组质量控制，杜绝在变压器中将铜线换为铝线的现象。国家标准规定电力变压器出厂必须经过例行试验、型式试验和特殊试验，其中与变压器绕组密切相关的试验包括：绕组电阻测量、短路试验、空载试验、温升试验等。这些试验国内外都有比较深入的研究，但是其试验结果很难区分电力变压器绕组使用的是铜线还是铝线。目前，设备管理部门只能通过吊罩解体后破坏绕组绝缘来检测导线类型。图1.2为吊罩解体后的铝绕组变压器，由于绕组有绝缘层包裹，解体后仍无法判断绕组材质。图1.3为铝绕组变压器的铜铝接头，可以看出剥开绝缘层后方可看到变压器绕组材质。但是，电力变压器数量多、体积大，不可能逐一进行破坏性试验。因此，方便快捷的变压器无损鉴别方法具有重要的工程意义。

图 1.2　吊罩解体后的铝绕组变压器

目前，国内外还缺少系统全面介绍变压器绕组无损检测技术的书籍，本书对于从事变压器研究检测的广大工作者具有重要参考意义。

图 1.3　铝绕组变压器铜铝接头

1.2　结构参数特性

铜材与铝材绕组变压器绕组材质不同，但在变压器设计阶段，其设计流程是一样的。本节从变压器设计角度出发，结合统计数据得到铜材与铝材绕组变压器结构参数的差异，后面将在此基础上对铜材与铝材绕组变压器的各项特性进行对比分析。

通常，变压器设计包括两个阶段，即先进行电磁计算，然后进行结构设计及绘制生产图纸。其中电磁计算是整个产品设计的基础和关键部分。电磁计算的任务是确定变压器的电磁负载和主要几何尺寸，计算其性能参数以及各部分的温升、重量等。电磁计算应根据变压器技术参数进行，其结果首先必须满足国家标准要求，同时还应有较好的技术经济指标，即优化设计。

图 1.4 为变压器设计的一般流程：

① 确定变压器技术参数：变压器技术参数包括额定电压 U_N、额定容量 S_N、空载损耗 P_0、空载电流 I_0、负载损耗 P_k、短路阻抗 U_k（％）等。变压器技术参数主要由国家标准决定，铜材与铝材绕组变压器技术参数应一致。

② 计算铁芯柱直径：铁芯柱直径 D 是变压器最基本的参数，铁芯柱的大小决定了绕组的内径以及原、副绕组的匝数，从而影响到整个变压器的尺寸和主要性能参数。它的正确选定还涉及变压器消耗的铜铁比，是影响优化设计的重要因素。但铁芯柱直径的选取是一个非常复杂的技术经济问题，目前在设计中一般采用如下经验公式来计算：

$$D = K_D \cdot \sqrt[4]{S_Z} \tag{1.1}$$

式中，K_D 为铁芯柱直径经验系数，其取值参见表 1.1；S_Z 为变压器的每柱容量。

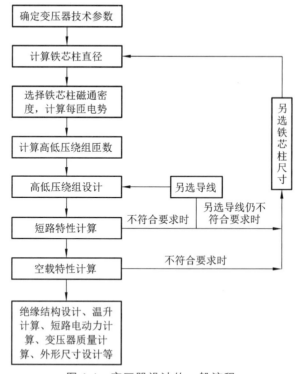

图 1.4　变压器设计的一般流程

表 1.1　铁芯柱直径的经验系数值

变压器类别	三相双绕组	三相三绕组	单相双绕组	单相三绕组	自耦变压器
铝绕组	50 ~ 54	48 ~ 52	50 ~ 54	48 ~ 52	48 ~ 52
铜绕组	53 ~ 57	51 ~ 55	53 ~ 57	51 ~ 55	51 ~ 55

需要注意的是，随着技术的进步，K_D 的取值在不断地变化。实际设计中也会根据具体条件来选择最优的 K_D 值。计算出铁芯柱直径后，可得到铁芯柱横截面积 S_1。铜材与铝材绕组变压器在铁芯柱直径选取上有细微差别，铝绕组变压器铁芯柱直径略小于铜绕组变压器，但两者差距不大，故铜材与铝材绕组变压器铁芯柱横截面积基本相等。

③ 选择铁芯柱磁通密度，计算每匝电势：铁芯柱截面确定后，每匝电势 e_1 主要取决于所选择的最大磁通密度值 B_m。B_m 的选择是一个比较复杂的问题，其主要由铁芯材料的饱和特性决定。对于确定的铁芯材料，B_m 的选择一般也是固定的。因此，对于铜材与铝材绕组变压器，B_m 的选择和 e_1 是基本相同的。

④ 计算高低压绕组匝数：每匝电势 e_1 确定后，由于变压器高低压电压等级固定，即可计算得到高低压绕组匝数 N。可知铜铝绕组变压器绕组匝数 N 基本相等。

⑤ 高低压绕组设计：确定铁芯柱直径 D 和绕组匝数 N 这两个最基本的参数后，最重要的就是进行高低压绕组设计。高低压绕组设计主要在于选择合适的绕组导线横截面积 S_2，S_2 确定后可得到绕组长度 L、绕组平均匝长 L_p、铁窗高 h_w、铁窗宽 l_w、铁芯柱高度 h、铁芯柱中心距 l 等参数。高低压绕组设计是一个复杂的优化过程，最终结果需满足变压器短路、空载性能参数。铜材与铝材绕组变压器在设计上的差异主要体现在这一步。

⑥ 绝缘结构设计、温升计算、短路电动力计算、变压器重量计算、外形尺寸设计等变压器的后续设计，铜材与铝材绕组变压器设计方法相同。

通过变压器的设计流程可知，铜材与铝材绕组变压器在设计上的区别主要在于高低压绕组设计，由此导致铜材与铝材绕组变压器在结构参数上的差异。

铜材与铝材绕组变压器在结构参数上的差异不是完全固定的，文献[3-5]给出了铜材与铝材绕组变压器结构参数的比值，分别见表 1.2 ~ 1.4。这些比值来自全国各系列铜材与铝材绕组变压器实际参数的统计值，反映了现有铜材与铝材绕组变压器结构参数的普遍特性。可以看出，表 1.2 ~ 1.4 中铜材与铝材绕组变压器的结构参数比不完全相同，但基本接近，主要有以下规律：

表 1.2　铜材与铝材绕组变压器结构参数比[3]

参数	铁芯柱直径 D	绕组匝数 N	电流密度 j	铁窗高 h_w	铁芯柱中心距 l	铁芯重 G_1	导线重 G_2
铝变/铜变	0.91	1.21	0.52	1.44	1	1	0.73

表 1.3　铜材与铝材绕组变压器结构参数比[4]

参数	铁芯柱直径 D	绕组匝数 N	导线截面 S_2	电流密度 j	绕组厚度 l_t	绕组平均直径 D_p	铁窗高 h_w	铁芯柱中心距 l	铁芯重 G_1	导线重 G_2
铝变/铜变	0.96	1.14	1.83	0.52	1.071	1.032	1.34	1.028	1.07	0.715

表 1.4　铜材与铝材绕组变压器结构参数比[5]

参数	铁芯柱直径 D	绕组匝数 N	电流密度 j	铁窗高 h_w	铁芯柱高 h	铁芯柱中心距 l	铁芯重 G_1	导线重 G_2
铝变/铜变	0.9~0.95	1.1~1.25	0.55~0.6	1.4~1.5	1.15~1.3	1.0~1.05	1	0.63~0.65

① 铝绕组变压器铁芯柱直径略小于铜绕组变压器，但差异不大。

② 铝绕组变压器铁窗高、铁芯柱高、铁芯柱中心距均大于铜绕组变压器。

③ 铝绕组变压器导线横截面积远大于铜绕组变压器，绕组匝数略大于铜绕组变压器。

④ 铜材与铝材绕组变压器铁芯重量基本相等。

⑤ 铝绕组变压器绕组导线重量远小于铜绕组变压器。

此结论由统计数据得到，与变压器设计流程分析结果相符合，反映了具有相同性能参数的铜材与铝材绕组变压器结构参数差异的普遍规律。第 3 章将从变压器的性能参数出发，通过严格的理论推导得出具有相同性能参数的铜材与铝材绕组变压器结构参数必定符合上述规律的结论。

1.3　抗短路性能

铝绕组变压器在国内被边缘化的一个主要原因是其抗短路性能被认为不如铜绕组变压器，在突然短路时容易出现故障。变压器抗短路性能包括突发短路时的热稳定和动稳定性能，下面分别进行分析。

1.3.1　短路热稳定性能

在变压器发生突然短路后，巨大的短路电流将引起绕组温度急剧升高，危及变压器的绝缘性能及安全稳定运行。因此，校验变压器在突然短路情况下的热稳定性能非常重要。需要指出的是，变压器的短路热稳定性能只能通过计算来进行校核，而不能通过试验。国家标准规定的计算公式如下：

铜绕组变压器（后简称铜变）：

$$\theta_1 = \theta_0 + \frac{2 \times (\theta_0 + 235)}{\dfrac{106\,000}{j^2 \times t} - 1} \tag{1.2}$$

铝绕组变压器（后简称铝变）：

$$\theta_1 = \theta_0 + \frac{2 \times (\theta_0 + 225)}{\dfrac{45\,700}{j^2 \times t} - 1} \tag{1.3}$$

式中，θ_1 为绕组最高平均温度；θ_0 为短路前绕组的温度，对于油浸式变压器，最严重的情况是它等于环境最高温度 40 ℃ 与绕组平均温升 65 ℃ 的限值之和，即 40 ℃+65 ℃ = 105 ℃；j 为短路电流密度；t 为规定的短路电流持续时间 2 s。

计算所得的绕组最高平均温度 θ_1 不能超过表 1.5 规定的值。

表 1.5　绕组最高允许平均温度　　　　　　　　　　单位：℃

变压器型式	绝缘耐热等级	温度最大值	
		铜变	铝变
油浸式变压器	105（A）	250	200
干式变压器	105（A）	180	180
	120（E）	250	200
	130（B）	350	200
	155（F）	350	200
	180（H）	350	200
	220（C）	350	200

例如，对于绝缘耐热等级为 105（A）的铜绕组油浸式变压器，若其短路电流密度为 50 A/mm²，则其绕组最高平均温度为：

$$\theta_1 = 105 + \frac{2 \times (105 + 235)}{\dfrac{106\,000}{50^2 \times 2} - 1} = 139 \text{ ℃} \tag{1.4}$$

查表 1.5 可知，此时 θ_1 未超过最大限值 250 ℃，短路热稳定性满足要求。通过公式和例子可以看出，对于铜材与铝材绕组变压器，绕组短路后的最高平均温度 θ_1 只取决于短路电流密度 J。要使 θ_1 满足表 1.5，可直接计算出铜材与铝材绕组变压器所允许的最大短路电流密度，再取短路阻抗为 4%，即可计算出铜材与铝材绕组变压器正常运行时允许的最大电流密度（25 倍关系），由此得到表 1.6。

表 1.6　绕组最大允许电流密度　　　　　　　单位：A/mm²

变压器型式	绝缘耐热等级	短路电流密度最大允许值		正常运行电流密度最大允许值	
		铜变	铝变	铜变	铝变
油浸式	105（A）	96.52	53.62	3.86	2.144 8

通过分析可知，在正常运行时只要铜材与铝材绕组变压器的电流密度小于表 1.6 所示值，铜材与铝材绕组变压器的热稳定性均满足要求。铜材与铝材绕组变压器最大允许电流密度比值为 2.144 8/3.86=0.556。根据表 1.2 ~ 1.4 可知，现有铜材与铝材绕组变压器的电流密度比在 0.52 ~ 0.6 之间，两者非常接近。这说明铜材与铝材绕组变压器的短路热稳定性是相当的。

1.3.2　短路动稳定性能

变压器动稳定性能包括机械强度和绕组失稳两部分，机械强度由绕组各个方向所受到的力及应力裕度反应，绕组失稳由绕组失稳平均临界应力反应。

本节计算采用表 1.2 所示参数：绕组匝数 $N' = 1.14 N$，电流密度 $j' = 0.52 j$，铁窗高度 $h'_w = 1.34 h_w$，绕组厚度 $l'_t = 1.071 l_t$，绕组平均直径 $D'_p = 1.032 D_p$，导线线径 $D'_2 = \sqrt{1.83} D_2 = 1.3 D_2$，漏磁路折合尺寸 $l'_L = [1.071 \times (0.7/3) + 0.3/(0.7/3) + 0.3] = 1.031 l_L$，垫块间距 $l'_d = l_d$（带上角标 ' 的表示铝绕组变压器，不带上角标的表示铜绕组变压器，下同）。

1. 机械强度

变压器突然短路时，绕组受到轴向压应力 σ_X、轴向弯曲应力 σ_Y、径向拉应力 σ_Z 三个力的作用，如图 1.5 所示，下面分别计算。

漏磁感应：$B_L \propto IN / h_w$，故 $B'_L = (N' / h'_w) B_L = (1.14/1.34) B_L = 0.851 B_L$；

漏磁通：$\Phi'_L = 1.032 \times 1.031 \times 0.851 \Phi_L = 0.905 \Phi_L$；

短路轴向力：$F_i \propto IN\Phi_L$，故 $F'_i = 1.14 \times 0.905 F_i = 1.032 F_i$；

最大轴向压应力：$\sigma_X = F_i / (\pi l_t)$，故 $\sigma'_X = 1.032 \times 1.071 \sigma_X = 1.1 \sigma_X$；

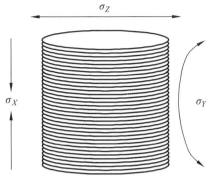

图 1.5 变压器绕组受力示意图

最大弯曲应力：$\sigma_Y = \dfrac{B_{\mathrm{L}}jl_{\mathrm{d}}^2}{D_2}$，故 $\sigma_Y' = (0.851 \times 0.52/1.3)\sigma_Y = 0.34\sigma_Y$；

径向平均拉应力：$\sigma_Z = ND_{\mathrm{p}}j/h_{\mathrm{w}}$，故 $\sigma_Z' = (1.14 \times 1.032 \times 0.52/1.34)\sigma_Z = 0.46\sigma_Z$。

铜和铝的抗拉强度分别为 124 MPa、46.5 MPa，则铝的抗拉强度为铜的 46.5/124=0.375 倍。由此可计算得：

轴向压应力裕度：$K_X' = 0.375/1.1 = 0.34K_X$；

抗弯应力裕度：$K_Y' = 0.375/0.34 = 1.10K_Y$；

径向拉应力裕度：$K_Z' = 0.375/0.46 = 0.81K_Z$。

铜材与铝材绕组变压器机械强度性能参数见表 1.7。

表 1.7 铜材与铝材绕组变压器机械强度性能参数比

变压器	σ_X	σ_Y	σ_Z	K_X	K_Y	K_Z
铝变/铜变	1.1	0.34	0.46	0.34	1.10	0.81

从表 1.7 可以看出，铝绕组变压器轴向压应力与铜绕组变压器相当，弯曲应力、径向压力均比铜绕组小。考虑到铜和铝的抗拉强度不相同，采用应力裕度来反映铜材与铝材绕组变压器的机械强度特性。其中，铝绕组变压器的抗弯压应力裕度和铜绕组变压器基本相同，说明铝绕组变压器抗弯性能与铜绕组变压器接近；径向压应力裕度为铜绕组变压器的 0.81 倍，说明铝绕组变压器径向机械特性比铜绕组变压器略差；轴向压应力裕度为铜绕组变压器的 0.34 倍，说明铝绕组变压器轴向机械特性与铜绕组变压器有较大差距。

2. 绕组失稳

近 30 年来，随着计算技术和试验研究的日益进步，技术人员对变压器动稳定性能的认识有了进一步的提高。现在普遍认为变压器短路事故主要是由于绕组失稳和导线变形造成的匝间短路，而不仅仅是与绕组的机械特性相关。由于纵向漏磁通大于横向漏磁通，因此，绕组纵向失稳是变压器的主要故障形式。绕组轴向失稳的平均临界应力采用国际大电网会议提出的公式：

$$\sigma = \frac{1}{12}En^2\left(\frac{D_2}{D_p}\right)^2 \tag{1.5}$$

式中，E 为弹性模量，铜为 12.1×10^4MPa，铝为 7.2×10^4MPa；n 为撑条数；D_2 为导线线径；D_p 为绕组平均直径。

计算可得：

$$\sigma' = \frac{7.2}{12.1}\times\left(\frac{1.3}{1.032}\right)^2 = 1.06\sigma \tag{1.6}$$

可见，铜材与铝材绕组变压器轴向失稳平均临界应力基本相等，两者稳定性相当。

1.4 成本

铝绕组变压器的出现正是由于铜的缺乏及铜铝价格的差异，因此，成本低是铝绕组变压器的一个主要优势。本节将从绕组成本和变压器整体成本两方面来对铝绕组变压器的经济性进行分析。

1.4.1 绕组成本

采用表 1.2 所示参数进行计算，绕组重量 $G_2' = 0.715G_2$，由于绕组成本 $P_2 = G_2c_2$，c_2 为绕组材料单价，则：

$$P_2' = \left(0.715\frac{c_2'}{c_2}\right)P_2 \tag{1.7}$$

如果铜价比铝价贵一倍，即 $c_2'/c_2 = 0.5$，此时 $P_2' = 0.36P_2$，即铝绕组的成本为铜绕组的 36%。图 1.6 为 2001—2012 年铜铝价格比值，由此图可以看出 2007 年后铜的价格是铝的 2 倍及以上，所以铝绕组的成本比铜绕组要低很多。

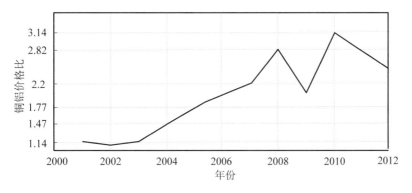

图 1.6　2001—2012 年铜铝价格比

　　从式（1.7）可以看出铜材与铝材绕组的成本比主要由铜铝价格比决定，铜铝价格差异越大，铝绕组的成本优势越明显。图 1.7 为 1900—2003 年铜铝的价格走势图，从中可以看出铜的价格起伏很大，2000 年后急剧上升。铝的价格也有起伏，但比铜小。虽然无法预测铜和铝将来的价格，但可以通过比较铜铝的储量和生产率来分析。世界上铜的储量预计为 480×10^6 t，2006 年的年消费为 15.3×10^6 t，按照这个速度，铜在 31 年后将全部耗尽。世界上铝矿石的储量为 25×10^9 t，目前年产量为 177×10^6 t，需 141 年才能用完。因此可以预言，从长远来看铝绕组变压器的成本优势将会持续下去并很可能增大。

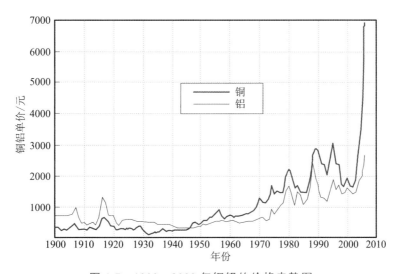

图 1.7　1900—2003 年铜铝的价格走势图

1.4.2 变压器整体成本

下面分析铝绕组变压器的整体成本。按照国内当前材料单价：扁铜线 65 元/千克，扁铝线 24 元/千克，硅钢片 20 元/千克。铜材与铝材绕组变压器结构参数仍然按表 1.2 进行取值。

按德国"维特马"的协调定则和文献，铜绕组变压器在绕组成本与铁芯成本相等时（即 $G_1 c_1 = G_2 c_2$）最为经济，则：

$$\frac{G_1}{G_2} = \frac{c_2}{c_1} = \frac{65}{20} = 3.25 \qquad (1.8)$$

若铜价和硅钢片价占变压器主要材料成本的 70%，则铜绕组变压器整体成本：

$$P = (G_1 c_1 + G_2 c_2)/0.7 = (3.25 G_2 \times 20 + G_2 \times 65)/0.7 = 185.7 G_2 \qquad (1.9)$$

铝绕组变压器的成本采用文献所用公式计算：

$$P' = P\left[\frac{G_1' + G_2'(8.9/2.7)}{G_1 + G_2}\right] - G_2'\left(\frac{8.9}{2.7}\right)c_2 + G_2' c_2' \qquad (1.10)$$

代入数据可得铝绕组变压器整体成本：

$$P' = 185.7 G_2 \left[\frac{1.07 \times 3.25 G_2 + 0.715 G_2 (8.9/2.7)}{3.25 G_2 + G_2}\right] -$$

$$0.715 G_2 \left(\frac{8.9}{2.7}\right) \times 65 + 0.715 G_2 \times 24 \qquad (1.11)$$

$$= 118.9 G_2$$

则铜材与铝材绕组变压器整体成本比：$\dfrac{P'}{P} = \dfrac{118.9 G_2}{185.7 G_2} = 0.64$，即在当前铜铝价格相差接近 3 倍的情况下，铝绕组变压器整体成本仅为铜绕组变压器的 64%。同理可计算出当铜铝价格相差 2 倍时，铝绕组变压器成本约为铜绕组变压器的 80%。

需要注意的是，铜材与铝材绕组变压器成本比不只与铜铝价格相关，变压器容量也会影响成本比。容量越大，铝绕组变压器的成本优势越不明显。因为随着容量增大，铝绕组变压器需要的铁芯材料、绝缘结构材料、外形结构钢材、绝缘油等都将比铜绕组变压器多。因此，当容量大于一定值后，铜材与铝材绕组变压器的整体成本将相等。

1.5 其他性能

1.5.1 绝缘性能

变压器的绝缘性能是运行中非常重要的性能参数，铝绕组变压器绝缘结构和试验电压与铜绕组变压器完全一样，但由于其内部结构参数与铜绕组变压器有差异，需对其绝缘性能进行分析。变压器绝缘性能分为工频绝缘性能和冲击绝缘性能。

1. 工频绝缘性能

根据表 1.3 数据，铝绕组变压器匝数为铜绕组变压器的 1.14 倍，其每匝电压为铜绕组变压器的 0.88 倍，其长期匝间工作场强比铜绕组变压器低 10%左右。假定铜材与铝材绕组变压器每饼匝数相近，则铝绕组变压器绕组饼数为铜绕组变压器的 1.14 倍，同理，其饼间工频场强比铜绕组变压器低 10%左右。

因此，铝绕组变压器的匝间工频场强、饼间工频场强均比铜绕组变压器低 10%左右，可认为两者工频绝缘性能基本相当，铝绕组变压器略好。

2. 冲击绝缘性能

变压器遭受冲击电压时，在绕组内部会出现复杂的电磁振荡过程。冲击电压进入变压器绕组的瞬间，绕组各点的对地电压分布称为起始电压分布。起始电压的分布很不均匀，其最大电场强度出现于绕组首端，由下式计算：

$$E_{\max} = \alpha U_0 \qquad\qquad (1.12)$$

式中，$\alpha = \sqrt{C_0/K_0}$；U_0 为遭受冲击电压瞬间电压幅值；C_0 为绕组单位长度对地电容；K_0 为绕组单位长度纵向电容。

可以看出，铜材与铝材绕组变压器在遭受冲击电压时的最大电场强度 $E_{\max}$ 之比即为 α 值之比。α 主要由绕组单位长度电容值决定，而绕组单位长度电容值只与导线几何形状有关。铝绕组变压器绕组导线与铜绕组变压器绕组导线相比，线径和长度都有变化，但其几何形状基本不变，故 α 值基本不变，则遭受冲击电压时最大电场强度基本相等。因此，可认为铜材与铝材绕组变压器冲击绝缘性能基本相当。

1.5.2 氧化性

铝比铜更易氧化，当铝被氧化后会在表面形成一层氧化铝薄层。一方面，氧化铝薄层有很强的绝缘性，导致铝绕组变压器接头处的电气连接比铜绕组变压器难很多。为了保证良好的电气连接，铝绕组变压器需要更高的焊接工艺，否则容易在接头处出现故障。另一方面，这层薄膜能对铝绕组起着保护作用，避免绕组的进一步氧化，所以铝对变压器油老化的影响要小于铜，这称为绕组的安定性。文献[4]分别用铝材和铜材进行了变压器油的老化和氧化试验，证明了铝线对油的安定性比铜高，油的老化程度和酸价增加慢，因此可相对延长油的使用期限，节省运行费用。

1.5.3 极限容量

变压器的极限容量由如下公式计算：

$$S_c = \frac{B U_k^2 \bar{\sigma}_X}{j} \bigg/ \frac{h_w}{D} \tag{1.13}$$

式中，B 为磁通密度；U_k 为阻抗电压（%）；$\bar{\sigma}_X$ 为许用径向应力；j 为电流密度；h_w 为铁窗高度；D 为铁芯柱直径。则：

$$S_c' = [(0.33 \times 1.34)/(0.52 \times 0.95)]S_c = 0.89 S_c \tag{1.14}$$

即铝绕组变压器的极限容量为铜绕组变压器的 0.89 倍，比铜绕组变压器略低，基本相当。

1.5.4 机械加工特性

铝比铜硬度低，因此，铝有更好的机械加工特性。一方面，铝加工起来更容易，加工相同的东西，铝需要的能量更少、磨损更小、时间也更短，故加工成本更低；另一方面，由于铝导线比铜导线柔软，所以在绕组绕制时导线之间相对紧密，间隙比铜线小。因此，铝绕组整体的紧密性和稳定性相对更好。

1.5.5 历史运行状况

铝绕组变压器的历史运行状况存在着较大差异。据相关资料统计，30 年前上海地区的 1450 台 180 kVA 配电变压器，其中铝绕组变压器 732 台，三年共损坏 9 台次，年损坏率 0.41%；而 718 台铜绕组变压器损坏 62 台次，年损坏率 2.88%（该铜绕组变压器大多为公社农机厂制造，质量较差）。这表明铝绕组变压器的事故并不比铜绕组变压器多。相反，设计、工艺良好的铝绕组变压器事故远比设计、工艺粗糙的铜绕组变压器少。20 世纪 90 年代以来，北京地区曾发生多起变压器短路事故，基本上都是铝绕组变压器。多数 20 世纪 80 年代以前生产的铝绕组变压器，由于结构设计、工艺水平落后等原因，绕组的稳定性差，很容易发生绕组变形损坏。

同时，经过多年的运行经验，发现铝绕组变压器的损坏多数发生在焊接部分，最常见的是铜铝过渡接头的焊接。由于导线应力超过极限而引起延伸或拉断的为数不多。若绕组轴向有完好的压紧措施及线圈轴向绕制紧密，短路故障的损坏率也可大幅度降低。

配电变压器绕组铜铝材质研究现状

2.1 概　述

　　本章从铜材与铝材绕组变压器特性对比研究现状出发，从金属材质鉴别方法、绕组材质鉴别方法、铜铝特性对比分析和配电变压器国家标准4个方面阐述了变压器绕组材质鉴别方法研究现状。

2.2 铜材与铝材绕组变压器特性对比研究

　　目前，国内外关于铜材与铝材绕组变压器特性对比分析的研究较少，研究重点主要集中在以铝绕组变压器代替铜绕组变压器的问题上。

　　文献《论铝线变压器的特点及其他》从绝缘性能、抗短路性能、抗氧化作用等方面对铜材与铝材绕组变压器的性能进行了对比，得出：铝绕组变压器的冲击绝缘性能、动稳定性能与铜绕组变压器相当；而工频绝缘性能、热稳定性能、绕组稳定性、抗氧化作用、柔软性、局部放电性能等方面均优于铜绕组变压器。

　　文献《论我国铝线变压器的发展与展望》从结构参数比、成本比、附加效益、极限容量等方面对铜材与铝材绕组变压器的特性进行了对比，得出：设计合理、工艺可靠的铝绕组变压器性能指标与铜绕组变压器相当，可靠性也相同，但成本仅为铜绕组变压器的80%~90%，因此从技术经济角度出发，在变压器上以铝线代铜线是正确可行的。

　　国外普遍认为在配电变压器中，铝绕组变压器可取代铜绕组变压器。铝绕组变压器的运行可靠性与铜绕组变压器相当，并且在机械加工特性、抗氧化性、成本等方面具有优势。

　　现有文献主要认为铝绕组变压器的特性优于或者不输于铜绕组变压器，但研究都缺乏比较全面客观的分析。因此，目前国内对于铝绕组变压器的性能特点并没有达成共识，许多人都认为铝不如铜，国内在铝绕组变压器的发展和应用上存在着较大的分歧。

2.3 金属材质鉴别方法研究

2.3.1 电涡流法

基于电涡流技术识别金属材质的基本原理如图 2.1 所示。当线圈通以交流电流 i_1 时，在线圈周围就会产生一个交变磁场 H_1，若被测金属置于该磁场内，金属内便会感应出涡流电流 i_2，该涡流电流也将会产生一个与 H_1 方向相反的新磁场 H_2，从而导致原线圈的电感、阻抗和品质因素等发生变化。如果金属的几何形状、线圈尺寸、线圈到频率的距离等参数保持不变，则线圈的参数变化仅与金属材质相关，可通过线圈的电感、阻抗和品质因素等参数来鉴别金属材质。

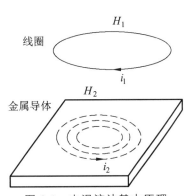

图 2.1 电涡流法基本原理

采用高频反射式涡流传感器对不同厚度的铝块和铁块进行测量实验，通过实验得到如表 2.1 所示数据。其中 U_0、ΔU 分别为电涡流传感器输出电压及电压变化量，h 为试品厚度。从实验数据可知，基于电涡流传感器的金属铁和铝的 $\Delta U\text{-}h$ 特征曲线不同，对于相同厚度的铁和铝，传感器输出电压及电压变化量也不同。实验表明，通过传感器输出电压的差异即可区分厚度相同的不同金属。

表 2.1 电涡流法实验数据

材质	h/mm	U_0/V	ΔU/V
铝块	0.7	4.88	0.12
	1.4	4.81	0.19
	1.6	4.72	0.28
铜块	0.8	4.60	0.40
	1.6	4.23	0.77
	2.4	3.80	1.20

采用带温度补偿的双通道电涡流传感器对金属材质进行高速动态无损检测，其系统由如图 2.2 所示的 7 个基本功能模块构成。它采用高、低频两种信号驱动电涡流传感器来采集试件的信号，获取材质在高频和低频两种情况下的特征值，再将测得的二维特征值和特征库里的材质特征值进行比对，从而判断试件的材质。其特征库是通过标准试件经多次试验获取的。

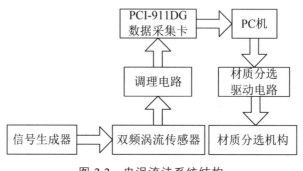

图 2.2　电涡流法系统结构

2.3.2　热电法

热电法的基本原理即热电偶测温原理。对于由两种不同的导体串联组成的回路，当两个接头处的温度恒定时，回路中的热电势只与组成该热电偶的金属材料相关，因此，可用此热电势值来鉴别金属材质。利用热电偶组成的探测仪器对汽车配件的材质进行鉴别。检测仪的结构框图如图 2.3 所示，热电式金属材质鉴别仪的两个电极由相同材料制成，其中一个电极被均匀加热，当被测金属与两电极接触时形成两组热电回路，一组由被测金属与铜电极组成热点回路，另一组由康铜与铜线组成热电回路。两组回路对应的热电势的比值只与被测金属的材质相关，通过此比值即可鉴别金属材质。

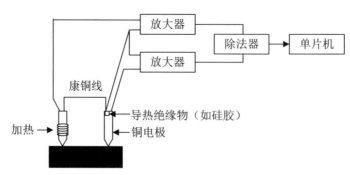

图 2.3　热电式检测仪结构示意图

2.3.3 其他方法

金相法利用金相显微镜对金相试样进行观察，通过肉眼对同一视野中各相晶粒数进行统计，从而确定各相的百分含量。近年来，用肉眼统计晶粒数的工作已由计算机根据灰度来统计面积的方法，即所谓的图像法所取代。金相法的优点是结果直观准确；缺点是制样工序繁杂，一般是破坏性取样，对工件不便进行多点观察，也不适合在产品上进行大面积普查。

利用磁性法进行相成分的分析是金属物理研究中广泛采用的方法。对于合金中不同的材料及不同热处理状态，其磁导率是不一样的。利用这个特性，采用磁感应方法可以对试件的相成分进行定量分析。磁性法简单易行，测试结果可靠，在金属磁性定量分析中得到了广泛应用。

其他检测方法还包括 X 射线衍射检测技术、红外光谱检测技术、扫描电子显微检测技术、光学显微镜检测技术等，原理都是通过不同的试验仪器对试件进行扫描，然后采用图像分析等方法对试件的材质及成分进行鉴别。

2.4 变压器绕组材质鉴别方法研究

变压器绕组材质鉴别方法的研究属于一个新的课题，相关的研究还比较少，现有文献主要提到了以下两种鉴别方法。

2014 年，顾小虎、于春雷通过测量得到某企业不同导线材质油浸式变压器的质量、尺寸对比，如表 2.2 所示，他们发现随着铝材用量的增加，油质量、油箱容积、器身体积均变大，器身密度变小，由此提出通过比较油箱容积、油质量、器身体积、器身密度来判断变压器绕组材质的方法。

表 2.2 不同导线材质油浸式变压器质量、尺寸对比

S11-100/10	铜变	半铜半铝	铝变
总质量/kg	505	545	560
器身质量/kg	310	325	340
油质量/kg	95	115	120
油箱容积/dm^3	153.3	187.34	206.32
器身体积/dm^3	47.74	59.56	72.99
器身密度/（kg/dm^3）	6.49	5.46	4.66

2015 年，贵州电力试验研究院张仁奇、李小军等人提出通过 X 射线来鉴别变压器绕组材质的方法。通过均匀遮蔽物中铜/铝 X 射线衰减规律及配电变压器铜/铝模拟线圈 X 射线衰减规律试验，给出了用 X 射线鉴别铜材与铝材绕组变压器的比对数据，分别为式（2.1）和式（2.2）：

$$\begin{cases} \lg D_{Fe} = -0.031\,771\,481 T_{Fe} + 1.232\,026\,708 \\ \lg D_{Oil} = -0.004\,162\,671 T_{Oil} + 0.097\,762\,507 + \lg D_{Fe} \\ \lg D_{Cu} = -0.038\,044\,791 T_{Cu} + 0.099\,821\,162 + \lg D_{Oil} \end{cases} \quad (2.1)$$

$$\begin{cases} \lg D_{Fe} = -0.031\,771\,481 T_{Fe} + 1.232\,026\,708 \\ \lg D_{Oil} = -0.004\,162\,671 T_{Oil} + 0.097\,762\,507 + \lg D_{Fe} \\ \lg D_{Cu} = -0.010\,240\,724 T_{Cu} + 0.225\,217\,79 + \lg D_{Oil} \end{cases} \quad (2.2)$$

式中，D_{Fe}，D_{Oil}，D_{Cu} 分别为变压器油箱钢板、变压器油、铜绕组的黑度；T_{Fe}，T_{Oil}，T_{Cu} 分别为变压器油箱钢板、变压器油、铜绕组的厚度。

该方法原理如图 2.4 所示，便携式 X 射线探伤机的 X 射线以一定小角度射向绕组底部端角，穿透的物质分别为变压器油箱钢板、变压器油、绕组。将测量得到的黑度与式（2.1）、（2.2）计算的黑度值进行比较，最接近公式组（2.1）值的绕组材质为铜，最接近公式组（2.2）值的绕组材质为铝。

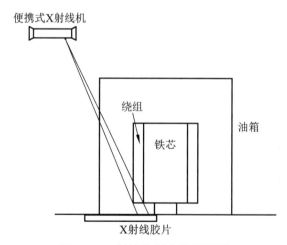

图 2.4　X 射线鉴别方法原理图

变压器绕组材质鉴别方法的研究目前还处于起步阶段，第一种鉴别方法利用单一样本的数据作为判断的依据，缺乏更严密的理论推导，鉴别结果可靠性较差；第二种鉴别方法操作较复杂，由于散射线的影响其实际测量结果较差。总的来讲，现有鉴别方法太少且都难以用于工程实际中，需要从更多角度研究铜材与铝材绕组变压器的鉴别方法。

2.5 铜、铝特性对比分析

表 2.3 给出了铜和铝的物化特性对比，从中可以看出，二者在密度、熔点、磁序（磁化率）、电阻率、热导率、膨胀系数、声速、硬度、电阻温度系数等方面具有较大差异。

表 2.3 铜和铝特性对比

材质	铜	铝	差异
原子序数	29	13	
电子排布	2，8，18，1	2，8，3	
族	11	13	
周期	4	3	
标准原子质量	63.546	26.982	
元素类别	过渡金属	贫金属	
密度	8.96 g·cm^{-3}	2.70 g·cm^{-3}	69.9%
熔点时液体密度	8.92 g·cm^{-3}	2.375 g·cm^{-3}	
熔点	1 084.62 ℃	660.32 ℃	
熔化热	13.26 kJ·mol^{-1}	10.71 kJ·mol^{-1}	
沸点	2 562 ℃	2 519 ℃	
汽化热	300.4 kJ·mol^{-1}	294.0 kJ·mol^{-1}	
比热容	24.440 J·mol^{-1}·K^{-1}	24.200 J·mol^{-1}·K^{-1}	
氧化态	+1、+2、+3、+4	+3	
电负性	1.90（鲍林标度）	1.61（鲍林标度）	
原子半径	128 pm	143 pm	
共价半径	（132±4）pm	（121±4）pm	
范德华半径	140 pm	184 pm	
晶体结构	面心立方晶格	面心立方晶格	
磁序	抗磁性	顺磁性	

材质	铜	铝	差异
磁化率	-1.0×10^{-5}	2.2×10^{-5}	320%
电阻率	（20 ℃）$1.7 \times 10^{-8} \Omega \cdot m$	（20 ℃）$2.82 \times 10^{-8} \Omega \cdot m$	65.9%
热导率	$401 \ W \cdot m^{-1} \cdot K^{-1}$	$237 \ W \cdot m^{-1} \cdot K^{-1}$	40.9%
膨胀系数	（25 ℃）$16.5 \ \mu m \cdot m^{-1} \cdot K^{-1}$	（25 ℃）$23.1 \ \mu m \cdot m^{-1} 1 \cdot K^{-1}$	40%
声速	（室温）$3\ 810 \ m \cdot s^{-1}$	（室温）$5\ 000 \ m \cdot s^{-1}$	31.2%
杨氏模量	110～128 GPa	70 GPa	
剪切模量	48 GPa	26 GPa	
体积模量	140 GPa	76 GPa	
泊松比	0.34	0.35	
莫氏硬度	3.0	2.75	
维氏硬度	369 MPa	167 MPa	
布氏硬度	874 MPa	245 MPa	
电阻温度系数	0.003 93（20 ℃）	0.004 29（20 ℃）	9.2%

2.6 配电变压器国家标准

与配电变压器相关的国家标准如下所示：

（1）《电力变压器试验导则》（JB/T 501—2006）。

与项目相关的主要为例行试验中的空载试验和短路试验。该标准规定了空载试验和负载试验的试验方法。

（2）《三相油浸式电力变压器技术要求和参数》（GB/T 6451—2008）。

（3）《干式变压器技术参数和要求》（GB/T 10228—2008）。

上述标准分别规定了油浸式、干式变压器空载损耗、负载损耗、空载电流、短路阻抗的标准，油浸式的标准见表2.4，干式变压器标准较为复杂，本书未列出。

（4）《电力变压器 第1部分 总则》（GB 1094.1—1996）。

该标准规定了性能参数的允许偏差：空载损耗或负载损耗不超过+15%且总损耗不超过+10%；空载电流不超过+30%；短路阻抗最多为±15%。

表 2.4　油浸式 10 kV 级三相双绕组无励磁配电变压器性能参数

产品容量/kVA	空载损耗/W	负载损耗/W	空载电流/%	短路阻抗/%
30	130	600	2.3	
50	170	870	2.0	
63	200	1 040	1.9	
80	250	1 250	1.9	
100	290	1 500	1.8	
125	340	1 800	1.7	
160	400	2 200	1.6	4.0
200	480	2 600	1.5	
250	560	3 050	1.4	
315	670	3 650	1.4	
400	800	4 300	1.3	
500	960	5 150	1.2	
630	1 200	6 200	1.1	
800	1 400	7 500	1.0	
1 000	1 700	10 300	1.0	4.5
1 250	1 950	12 000	0.9	
1 600	2 400	14 500	0.8	

（5）《变压器类产品型号编制方法》（JB/T 3837—2010）。

该标准指出标准（3）和（4）的性能参数对应于损耗水平代号为"9"的变压器，即 S9 系列，同时增补了损耗水平代号为"10""11""12""13"的油浸式变压器和损耗水平代号为"10"的干式变压器的损耗参数表。如表 2.5 所示。

表 2.5　油浸式 10 kV 级 S10、S11、S12、S13 无励磁配电变压器损耗表

产品容量 /kVA	S10		S11		S12		S13	
	空载损耗 /W	负载损耗 /W	空载损耗 /W	负载损耗 /W	空载损耗 /W	负载损耗 /W	空载损耗 /W	负载损耗 /W
30	110	600	100	600	90	600	80	600
50	150	870	130	870	120	870	100	870
63	180	1 040	150	1 040	130	1 040	110	1 040

产品容量 /kVA	S10		S11		S12		S13	
	空载损耗 /W	负载损耗 /W	空载损耗 /W	负载损耗 /W	空载损耗 /W	负载损耗 /W	空载损耗 /W	负载损耗 /W
80	200	1 250	180	1 250	150	1 250	130	1 250
100	230	1 500	200	1 500	170	1 500	150	1 500
125	270	1 800	240	1 800	200	1 800	170	1 800
160	310	2 200	280	2 200	240	2 200	200	2 200
200	380	2 600	340	2 600	280	2 600	240	2 600
250	460	3 050	400	3 050	340	3 050	290	3 050
315	540	3 650	480	3 650	410	3 650	340	3 650
400	650	4 300	570	4 300	490	4 300	410	4 300
500	780	5 150	680	5 150	580	5 150	480	5 150
630	920	6 200	810	6 200	690	6 200	570	6 200
800	1 120	7 500	980	7 500	840	7 500	700	7 500
1 000	1 320	10 300	1 150	10 300	990	10 300	830	10 300
1 250	1 560	12 000	1 360	12 000	1 170	12 000	970	12 000
1 600	1 880	14 500	1 640	14 500	1 410	14 500	1 170	14 500

（6）《油浸式非晶合金铁芯配电变压器 技术参数和要求》（JB/T 10318—2002）。

该标准规定了油浸式非晶合金配电变压器性能参数，即 S15 系列性能参数，如表 2.6 所示。

表 2.6　油浸式非晶合金铁芯（S15）配电变压器性能参数

产品容量 /kVA	空载损耗 /W	负载损耗 /W	空载电流 /%	短路阻抗 /%
30	33	600	1.7	
50	43	870	1.3	
63	50	1 040	1.2	
80	60	1 250	1.1	4.0
100	75	1 500	1.0	
125	85	1 800	0.9	

续表

产品容量 /kVA	空载损耗 /W	负载损耗 /W	空载电流 /%	短路阻抗 /%
160	100	2 200	0.7	4.0
200	120	2 600	0.7	
250	140	3 050	0.7	
315	170	3 650	0.5	
400	200	4 300	0.5	
500	240	5 150	0.5	
630	320	6 200	0.3	4.5
800	380	7 500	0.3	
1 000	450	10 300	0.3	
1 250	530	12 000	0.2	
1 600	630	14 500	0.2	
2 000	750	17 400	0.2	
2 500	900	20 200	0.2	

（7）《三相配电变压器能效限定值及能效等级》（GB 20052—2013）。

该标准规定了三相油浸式、干式变压器的能耗等级、能效限定值。空载损耗值和负载损耗值均不能高于表 2.7 中 3 级的规定。如果不高于 2 级的规定，则可称为节能变压器。从表可以看出 3 级能耗标准即为原标准中 S11 系列的标准。

表 2.7   油浸式 10 kV 级无励磁配电变压器能耗等级

产品容量/kVA	3 级	
	空载损耗/W	负载损耗/W
30	100	600
50	130	870
63	150	1 040
80	180	1 250
100	200	1 500
125	240	1 800
160	280	2 200

产品容量/kVA	3级	
	空载损耗/W	负载损耗/W
200	340	2 600
250	400	3 050
315	480	3 650
400	570	4 300
500	680	5 150
630	810	6 200
800	980	7 500
1 000	1 150	103 00
1 250	1 360	12 000
1 600	1 640	14 500

　　由此可见，配电变压器的短路阻抗所有系列都一样，可以不考虑；国家标准未对 S10、S11、S12、S13 系列变压器的短路电流做出规定，可以由空载损耗反映，也可以不考虑。因此，只需列出 S9、S10、S11、S12、S13、S15 系列的空载损耗、负载损耗标准。《电力变压器 第 1 部分 总则》（GB 1094.1—1996）规定空载损耗或负载损耗不超过+15%且总损耗不超过+10%，而《三相配电变压器能效限定值及能效等级》（GB 20052—2013）不允许有正偏差，但后者为 2013 年才发布的标准，多数变压器未采用，偏差仍定为+15%。

配变绕组材质现有检测评估技术

3.1 概 述

第 1 章对铜材与铝材绕组变压器的特性进行了全面的对比分析，可以看出铝绕组变压器抗短路性能比铜绕组变压器差，铜铝接头处对工艺要求较高，易出现故障，总的来讲其安全性比铜绕组变压器低。但铝绕组变压器相比铜绕组变压器有较大的成本优势，正是由于经济上的利益，"以铝充铜"变压器开始大范围出现。这些铝绕组变压器由于设计和工艺的问题，其质量和性能得不到保证，是电力系统安全运行的隐患，必须鉴别出来。本章将从变压器性能参数出发，对基于容量体积比、电阻温度系数等的变压器绕组材质检测评估技术进行了研究，同时对其他方法的可行性进行了探索。

3.2 变压器性能参数分析

变压器性能参数主要包括空载损耗 P_0、空载电流 I_0（%）、负载损耗 P_k、短路阻抗 U_k（%），这些参数反映了变压器的主要运行性能。国家标准对这些参数进行了严格的规定，铝绕组变压器要想通过例行试验，其性能参数也必须满足国标。为了得到具有相同性能参数铝绕组变压器应满足的条件，需先对变压器性能参数进行分析。

3.2.1 空载损耗分析

空载损耗：当额定功率的额定电压施加到一个绕组，其他绕组开路时，所吸取的有功功率。

空载损耗 P_0 包括铁芯损耗 P_{Fe}（即 G_m 的损耗）及空载电流 I_0 在初级线圈电阻 R_1 上的损耗，由于 I_0 和 R_1 很小，后者可以忽略不计，因此空载损耗基本上就是铁芯损耗：

$$P_0 = P_{Fe} + 3I_0^2 R_1 \approx P_{Fe} \tag{3.1}$$

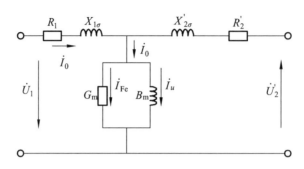

图 3.1　变压器空载运行等效电路

铁芯损耗包括磁滞损耗 P_h 和涡流损耗 P_e 两部分，其中磁滞损耗是铁磁材料在反复交变磁化过程中由于磁滞现象所产生的损耗，涡流损耗是涡流在铁芯中引起的损耗：

$$P_\mathrm{h} = C_\mathrm{h} B_\mathrm{m}^2 \cdot f \cdot V \tag{3.2}$$

$$P_\mathrm{e} = C_\mathrm{e} B_\mathrm{m}^2 \cdot f^2 \cdot V \tag{3.3}$$

$$P_\mathrm{Fe} = P_\mathrm{h} + P_\mathrm{e} = C_\mathrm{h} B_\mathrm{m}^2 \cdot f \cdot V + C_\mathrm{e} B_\mathrm{m}^2 \cdot f^2 \cdot V \tag{3.4}$$

式中，C_h 为磁滞损耗系数；C_e 为涡流损耗系数；B_m 为最大磁通密度；f 为频率；V 为铁芯体积。

对于一般的电工钢片，在一定的工作磁通密度范围内，式（3.4）可近似为：

$$P_\mathrm{Fe} = C_\mathrm{Fe} B_\mathrm{m}^2 \cdot f^{1.3} \cdot V \tag{3.5}$$

式中，C_Fe 为铁芯损耗系数。

将式（3.5）代入式（3.1），可得空载损耗：

$$P_0 = C_\mathrm{Fe} B_\mathrm{m}^2 \cdot f^{1.3} \cdot V \tag{3.6}$$

由于 C_Fe 和 f 为定值，可知空载损耗由最大磁通密度 B_m 和铁芯体积 V 决定，其中：

$$B_\mathrm{m} = \frac{U_\mathrm{N}}{4.44 f \cdot N \cdot S_1} \tag{3.7}$$

式中，U_N 为变压器额定电压；N 为线圈匝数；S_1 为铁芯柱横截面积。

对于应用最广泛的三相芯式铁芯，如图 3.2 所示，铁芯体积 V 为：

$$V = (3h + 4l) \cdot S_1 \tag{3.8}$$

式中，h 为铁芯柱高度；l 为铁芯柱中心距。

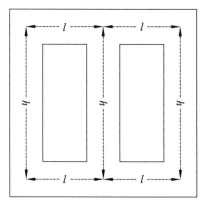

图 3.2　三相芯式铁芯示意图

将式（3.7）～（3.8）代入式（3.6），可得空载损耗为：

$$P_0 = \left(\frac{C_{Fe}U_N^2}{4.44^2 f^{0.7}} \right) \cdot \frac{3h+4l}{N^2 S_1} \tag{3.9}$$

取 $C_1 = \dfrac{C_{Fe}U_N^2}{4.44^2 f^{0.7}}$，则：

$$P_0 = C_1 \cdot \frac{3h+4l}{N^2 S_1} \tag{3.10}$$

由于 C_1 为定值，可知空载损耗主要由线圈匝数 N、铁芯柱横截面积 S_1、铁芯柱高度 h 和铁芯柱中心距 l 决定。

3.2.2　空载电流分析

空载电流：当额定频率的额定电压施加到一个绕组的端子，其他绕组开路时，流经该绕组的电流，通常以额定电流的百分数表示。

从图 3.1 可以看出，空载电流由铁耗电流 I_{Fe} 和磁化电流 I_u 组成，铁耗电流反映铁芯损耗，磁化电流反映变压器的励磁，所以：

$$I_0(\%) = \sqrt{I_{Fe}^2(\%) + I_u^2(\%)} \tag{3.11}$$

其中，铁耗电流可通过空载损耗计算：

$$I_{Fe} = \frac{P_0}{3U_N} \tag{3.12}$$

将式（3.10）代入式（3.12）可得：

$$I_{\text{Fe}} = \frac{C_1}{3U_{\text{N}}} \cdot \frac{3h+4l}{N^2 S_1} \tag{3.13}$$

磁化电流通过励磁特性计算，对于图 3.2 所示三相芯式铁芯：

$$H = \frac{N \cdot I_{\text{u}}}{2(h+l)} \tag{3.14}$$

$$B = \mu_{\text{Fe}} \cdot H \tag{3.15}$$

$$U_{\text{N}} = 4.44 f \cdot N \cdot B \cdot S_1 \tag{3.16}$$

式中，μ_{Fe} 为铁芯磁导率。

由式（3.14）~（3.16）可得磁化电流：

$$I_{\text{u}} = \frac{U_{\text{N}}}{2.22 f \cdot \mu_{\text{Fe}}} \cdot \frac{h+l}{N^2 S_1} \tag{3.17}$$

则空载电流：

$$I_0(\%) = \frac{\sqrt{I_{\text{Fe}}^2 + I_{\text{u}}^2}}{I_{\text{N}}} \cdot 100 = \frac{\sqrt{\left[\frac{C_1(3h+4l)}{3U_{\text{N}}}\right]^2 + \left[\frac{U_{\text{N}}(h+l)}{2.22 f \cdot \mu_{\text{Fe}}}\right]^2}}{0.01 I_{\text{N}}} \cdot \frac{1}{N^2 \cdot S_1} \tag{3.18}$$

该表达式过于复杂，为了便于后面的分析，需对（3.18）式进行简化，因为在设计中 h 和 l 一般存在着线性关系：$4l = 3h$，则：

$$h+l = 0.29(3h+4l) \tag{3.19}$$

将式（3.19）代入式（3.18）可得：

$$I_0(\%) = \frac{\sqrt{I_{\text{Fe}}^2 + I_{\text{u}}^2}}{I_{\text{N}}} \cdot 100 = \frac{\sqrt{\left(\frac{C_1}{3U_{\text{N}}}\right)^2 + \left(\frac{0.29 U_{\text{N}}}{2.22 f \cdot \mu_{\text{Fe}}}\right)^2}}{0.01 I_{\text{N}}} \cdot \frac{3h+4l}{N^2 \cdot S_1} \tag{3.20}$$

取 $C_2 = \dfrac{\sqrt{\left(\frac{C_1}{3U_{\text{N}}}\right)^2 + \left(\frac{0.29 U_{\text{N}}}{2.22 f \cdot \mu_{\text{Fe}}}\right)^2}}{0.01 I_{\text{N}}}$，则：

$$I_0(\%) = C_2 \cdot \frac{3h+4l}{N^2 \cdot S_1} \tag{3.21}$$

由于 C_2 为定值，可知空载电流和空载损耗一样，主要由线圈匝数 N、铁芯柱横截面积 S_1、铁芯柱高度 h 和铁轭长度 l 决定。

3.2.3 负载损耗分析

负载损耗：当额定频率的额定电流流经一个绕组且另一绕组短路时，所吸取的有功功率。

变压器短路运行等效电路如图 3.3 所示。

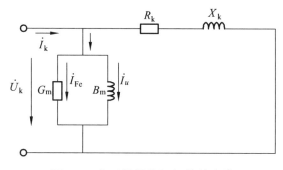

图 3.3 变压器短路运行等效电路

负载损耗 P_k 包括基本铜耗 P_{Cu}（即 R_k 的损耗）及附加铜耗 ΔP（包括短路运行时的铁芯损耗 P_{Fe}、导线涡流损耗、引线损耗等）。对于 630 kVA 以下的小容量变压器，附加铜耗仅占基本铜耗的 3%～5%，可忽略不计。

$$P_k = P_{Cu} + \Delta P \approx P_{Cu} \qquad (3.22)$$

当短路电流 I_k 为额定电流 I_N 时，由于铁耗电流 I_{Fe} 和磁化电流 I_u 均很小，流过短路电阻 R_k 的电流接近为额定电流，则基本铜耗：

$$P_{Cu} = 3I_N^2 R_k \qquad (3.23)$$

R_k 即为绕组 50 Hz 时的交流电阻，忽略集肤效应，则：

$$R_k = \rho \frac{L}{S_2} \qquad (3.24)$$

式中，ρ 为绕组 75 ℃ 时电阻率；S_2 为绕组导线横截面积；L 为绕组长度，绕组长度可由绕组平均匝长 L_p 表示：

$$L = N \cdot L_p \qquad (3.25)$$

由于绕组紧密绕制于铁芯柱表面，故 L_p 可近似认为与铁芯柱横截面周长成正比，则：

$$L_p = k \cdot 2\sqrt{\pi}\sqrt{S_1} \tag{3.26}$$

式中，k 为一比例系数；S_1 为铁芯柱横截面积。

由式（3.1）～（3.5）可得负载损耗为：

$$P_k = (6\sqrt{\pi}kI_N^2) \cdot \frac{\rho N \sqrt{S_1}}{S_2} \tag{3.27}$$

取 $C_3 = 6\sqrt{\pi}kI_N^2$，则：

$$P_k = C_3 \cdot \frac{\rho N \sqrt{S_1}}{S_2} \tag{3.28}$$

由于 C_3 为定值，可知负载损耗主要由绕组电阻率 ρ、线圈匝数 N、铁芯柱横截面积 S_1、绕组导线横截面积 S_2 决定。

3.2.4 短路阻抗分析

短路阻抗也称阻抗电压，当变压器一个绕组短路，另一个绕组流过额定电流时施加的电压称为阻抗电压，通常以额定电压的百分数表示。

短路阻抗分为电阻分量 $U_{kr}(\%)$ 和电抗分量 $U_{kx}(\%)$，其中电抗分量占主要部分，一般不需考虑电阻分量，则：

$$U_k(\%) = \sqrt{U_{kr}^2(\%) + U_{kx}^2(\%)} \approx U_{kx}(\%) \tag{3.29}$$

短路电抗的推导很复杂，计算公式如下：

$$U_{kx}(\%) = 49.6 \cdot \frac{f \cdot I_N \cdot N \cdot k_\rho \cdot k_x \cdot S}{e_1 \cdot H_K \cdot 10^6} \tag{3.30}$$

式中，k_ρ 为洛氏系数；k_x 为附加电抗系数，与结构有关；S 为漏磁等效面积，可认为正比于铁芯柱横截面积 S_1；e_1 为每匝电压；H_k 为电抗高度，近似认为正比于铁芯高度；则：

$$S = k_1 \cdot S_1 \tag{3.31}$$

$$e_1 = \frac{U_N}{N} \tag{3.32}$$

$$H_k = k_2 \cdot h \tag{3.33}$$

由式（3.29）~（3.33）可得短路阻抗为：

$$U_{kx}(\%) = \left(49.6 \cdot \frac{f \cdot I_N \cdot k_\rho \cdot k_x \cdot k_1}{U_N \cdot k_2 \cdot 10^6}\right) \cdot \frac{N^2 S_1}{h} \qquad (3.34)$$

取 $C_4 = 49.6 \cdot \dfrac{f \cdot I_N \cdot k_\rho \cdot k_x \cdot k_1}{U_N \cdot k_2 \cdot 10^6}$，则：

$$U_k(\%) = C_4 \cdot \frac{N^2 S_1}{h} \qquad (3.35)$$

由于 C_4 为定值，可知短路阻抗主要由线圈匝数 N、铁芯柱横截面积 S_1、铁芯柱高度 h 决定。

3.3 铝绕组变压器结构差异分析

国家标准对变压器的性能参数进行了规定。铝绕组变压器要想通过例行试验，上述四个性能参数必须同时与同型号的铜绕组变压器相同，即四个参数与铜绕组变压器相比同时保持不变。下面将从四个性能参数的相互关系入手，得出保证四个参数同时不变需满足的条件，并进一步分析得出铝绕组变压器的结构差异。

3.3.1 性能参数相互关系分析

由前面分析可知，变压器 4 个性能参数表达式如下：

$$\begin{cases} \text{空载损耗} \quad P_0 = C_1 \cdot \dfrac{3h+4l}{N^2 S_1} \\[2mm] \text{空载电流} \quad I_0(\%) = C_2 \cdot \dfrac{3h+4l}{N^2 \cdot S_1} \\[2mm] \text{负载损耗} \quad P_k = C_3 \cdot \dfrac{\rho N \sqrt{S_1}}{S_2} \\[2mm] \text{短路阻抗} \quad U_{kx}(\%) = C_4 \cdot \dfrac{N^2 S_1}{h} \end{cases} \qquad (3.36)$$

式中，C_1、C_2、C_3、C_4 为一系数；N 为匝数；S_1 为铁芯柱横截面积；S_2 为绕组导线横截面积；h 为铁芯柱高度；l 为铁芯柱中心距；ρ 为绕组电阻率。

（1）空载电流与空载损耗关系分析：

由式（3.36）可知，空载损耗与空载电流之比为：

$$P_0/I_0(\%) = C_1/C_2 \qquad (3.37)$$

可以看出，空载损耗与空载电流之比为一个常数，说明空载电流与空载损耗正相关。空载损耗变大，空载电流将变大；空载损耗变小，空载电流将变小；如果空载损耗不变且满足国家标准要求，空载电流也将基本满足国家标准。

（2）短路阻抗与空载损耗关系分析。

由式（3.36）可知，空载损耗与短路阻抗之积为：

$$P_0 \cdot U_{kx}(\%) = C_1 C_4 \frac{3h+4l}{h} \qquad (3.38)$$

由于设计中 h 和 l 一般存在着线性关系：$4l = 3h$，故空载损耗与短路阻抗之积也近似为一个常数，说明短路阻抗与空载损耗负相关。空载损耗变大，短路阻抗将变小；空载损耗变小，短路阻抗将变大；如果空载损耗不变且满足国家标准要求，短路阻抗也将基本满足国家标准。

从上面的分析可知，对于铝绕组变压器，如果其空载损耗不变且满足国家标准，其空载电流和短路阻抗也将基本满足国家标准。因此，要使铝绕组的四个性能参数同时保持不变，只需要保证变压器的空载损耗和负载损耗同时满足国家标准即可。

3.3.2　铝绕组变压器结构参数要求

本节将分析如何使铝绕组变压器的空载损耗和负载损耗同时保持不变。将式（3.10）代入式（3.28）可得：

$$P_k = \frac{\sqrt{C_1 C_2}}{\sqrt{P_0}} \cdot \frac{\sqrt{3h+4l}}{S_2} \cdot \rho \qquad (3.39)$$

为了便于表述，取：

$$C = \frac{\sqrt{3h+4l}}{S_2} \qquad (3.40)$$

由式（3.39）可知，由于绕组材质由铜换成铝，绕组电阻率由 $2.135 \times 10^{-8}\ \Omega \cdot m$ 增大为 $3.57 \times 10^{-8}\ \Omega \cdot m$，为了保持负载损耗和空载损耗同时不变，只能将系数 C 减小为原来的 $2.135/3.57 = 0.598$ 倍。

图 3.4 为变压器铁芯和绕组的示意图，h 为铁芯柱高度，l 为铁芯柱中心距，h_w 为窗高，l_w 为窗宽，h_c 为铁轭高度，l_c 为铁芯柱直径。由图可以看出，绕组相与相之间、绕组与铁芯之间等的绝缘距离相比于窗宽窗高都很小，因此窗宽窗高主要由绕组尺寸

决定。在绕组匝数一定的情况下，可近似认为窗宽窗高与绕组导线线径成正比，即与绕组导线横截面积 S_2 的 0.5 次方成正比，设比例系数分别为 k_1、k_2，则：

$$l_\mathrm{w} = k_1 \sqrt{S_2} \qquad (3.41)$$

$$h_\mathrm{w} = k_2 \sqrt{S_2} \qquad (3.42)$$

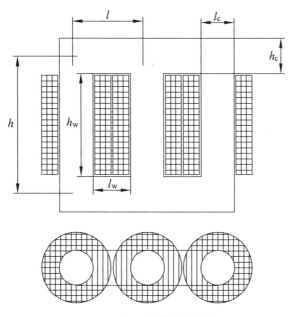

图 3.4　变压器铁芯和绕组

由图 3.4 可知：

$$l = l_\mathrm{w} + l_\mathrm{c} \qquad (3.43)$$

$$h = h_\mathrm{w} + h_\mathrm{c} \qquad (3.44)$$

将式（3.41）~（3.44）代入式（3.40）可得

$$C = \frac{\sqrt{(3h_\mathrm{c} + 4l_\mathrm{c}) + (4k_1 + 3k_2)\sqrt{S_2}}}{S_2} \qquad (3.45)$$

　　铜绕组换成铝绕组，铁轭高度 h_c、铁芯柱直径 l_c 基本不变。由于系数 C 的分子中包含 S_2 的 1/4 次方，因此 C 的变化趋势与 S_2 相反。为了减小系数 C，只能增大绕组导线横截面积 S_2。

3.3.3 铝绕组变压器体积差异分析

从上述分析可知，如果将变压器绕组由铜换成铝，为了使损耗参数满足国家标准，只能通过增大绕组导线横截面积的方法来实现。在这种情况下，由于绕组导线线径变大，铁芯的窗宽、窗高将变大，从而导致整个铁芯以及变压器整体体积变大。

以某厂家 S11-800/10 的变压器为例，计算铜绕组换成铝绕组后变压器体积的变化情况。图 3.5 为变压器整体示意图，L、B、H 分别为变压器的长、宽、高。

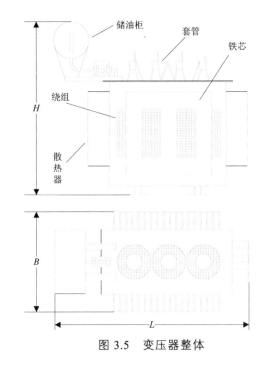

图 3.5 变压器整体

变压器由铜绕组换成铝绕组，绕组导线横截面积增大，导致窗宽、窗高变大，而变压器外围设备如储油柜、散热器等的尺寸基本不变，则变压器长、宽、高分别增加三个窗宽、一个窗宽和一个窗高的变化值。表 3.1 为某厂家 S11-800/10 变压器尺寸参数。

表 3.1 某厂家 S11-800/10 变压器尺寸参数   单位：mm

h_w	l_w	h_c	l_c	L	B	H
555	215	190	190	2 200	920	1 730

铜绕组换成铝绕组，系数 C 要减小为原来的 0.598 倍。设 S_2 增大为原来的 x 倍，则窗宽、窗高增大为原来的 $x^{1/2}$ 倍，则由式（3.40）可得：

$$\frac{\sqrt{3(h_c + \sqrt{x}h_w) + 4(l_c + \sqrt{x}l_w)} \cdot S_2}{xS_2 \cdot \sqrt{3(h_c + h_w) + 4(l_c + l_w)}} = 0.598 \tag{3.46}$$

代入参数可解得 $x = 1.861$，即绕组导线横截面积需增大为原来的 1.861 倍。由此得到铝绕组变压器的长 L'、宽 B'、高 H' 分别增大为：

$$L' = L + 3l_w(\sqrt{1.861-1}) = 2\ 435 \ (\text{mm}) \tag{3.47}$$

$$B' = B + l_w(\sqrt{1.861-1}) = 998 \ (\text{mm}) \tag{3.48}$$

$$H' = H + h_w(\sqrt{1.861-1}) = 1\ 932 \ (\text{mm}) \tag{3.49}$$

该型号变压器由铜绕组换成铝绕组后的体积与原体积的比为：

$$\frac{2\ 435 \times 998 \times 1\ 932}{2\ 200 \times 920 \times 1\ 730} = 1.34 \tag{3.50}$$

该型号变压器由铜绕组换成铝绕组后体积增大为原来的 1.34 倍，体积增大明显。其他型号的变压器经计算也可以得出类似结论。对于全密封型变压器，由于没有储油柜，体积的增大倍数将更加明显。

3.4 电气特性法

3.4.1 鉴别方法流程

通过前面的分析可知，变压器由铜绕组换成铝绕组，要想得到同样的性能参数以满足国家标准，只能增大绕组导线横截面积，这样必定引起变压器体积的增大。容量体积比法的检测流程如图 3.6 所示。首先对待检测变压器进行空载试验和短路试验，得到其空载损耗和短路损耗。判断其损耗参数是否满足国家标准要求，如果不满足，判定为不合格产品，不可用于使用；如果满足，则测量其体积，再与同型号常规变压器的体积进行比较。体积偏大则判定为铝绕组变压器，体积接近则认为是铜绕组变压器。从检测流程可知，该方法需要得到各个型号变压器损耗参数和体积参数的参考值。

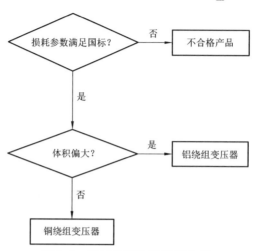

图 3.6　容量体积比法检测流程

3.4.2　配电变压器损耗参数标准

变压器损耗参数参考值采用国家标准规定值。《电力变压器　第 1 部分　总则》（GB 1094.1—1996）规定空载损耗或负载损耗不得超过规定值的+15%且总损耗不超过+10%；《三相油浸式电力变压器技术要求和参数》（GB/T 6451—2008）规定了 S9 系列变压器的损耗参数；《变压器类产品型号编制方法》（JB/T 3837—2010）规定了 S10、S11、S12、S13 系列变压器的损耗参数；《油浸式非晶合金铁芯配电变压器　技术参数和要求》（JB/T 10318—2002）规定了 S15 系列变压器的损耗参数。统计油浸式 10 kV 级 S9、S10、S11、S13、S15 系列无励磁配电变压器损耗参数见表 3.2，可以看出，国家标准中不同系列变压器的负载损耗参数是一样的，变化的只有空载损耗。检测变压器的损耗参数时应注意不同系列的变压器损耗参数是不同的。

表 3.2　油浸式 10 kV 级 S9 ~ S15 系列无励磁配电变压器损耗参数

容量/kVA	S9 空载损耗	S10 空载损耗	S11 空载损耗	S12 空载损耗	S13 空载损耗	S15 空载损耗	S9 ~ S15 负载损耗
30	130	110	100	90	80	33	630/600
50	170	150	130	120	100	43	910/870
63	200	180	150	130	110	50	1 090/1 040
80	250	200	180	150	130	60	1 310/1 250
100	290	230	200	170	150	75	1 580/1 500
125	340	270	240	200	170	85	1 890/1 800

续表

容量/kVA	S9 空载损耗	S10 空载损耗	S11 空载损耗	S12 空载损耗	S13 空载损耗	S15 空载损耗	S9~S15 负载损耗
160	400	310	280	240	200	100	2 310/2 200
200	480	380	340	280	240	120	2 730/2 600
250	560	460	400	340	290	140	3 200/3 050
315	670	540	480	410	340	170	3 830/3 650
400	800	650	570	490	410	200	4 520/4 300
500	960	780	680	580	480	240	5 410/5 150
630	1 200	920	810	690	570	320	6 200
800	1 400	1 120	980	840	700	380	7 500
1 000	1 700	1 320	1 150	990	830	450	10 300
1 250	1 950	1 560	1 360	1 170	970	530	12 000
1 600	2 400	1 880	1 640	1 410	1 170	630	14 500

注：对于额定容量为 500 kVA 及以下的变压器，表中斜线左侧的负载损耗值适用于 Dyn11 或 Yzn11
联结组，斜线右侧的负载损耗值适用于 Yyn0 联结组。

3.4.3 配电变压器体积参考值

国家标准对变压器的损耗参数做出了规定，但并没有对变压器的体积进行规定，因此变压器的体积没有一个标准值。为了得到一个体积的参考值，本书对大量厂家各型号变压器的体积进行了统计。表 3.3 为 8 个厂家 S11M 系列变压器的体积参数，并根据表 3.3 作图得到图 3.7。

表 3.3　多个厂家 S11M 系列变压器体积参数

容量/kVA	体积/m³							
	厂家 1	厂家 2	厂家 3	厂家 4	厂家 5	厂家 6	厂家 7	厂家 8
30	0.36	0.34	0.39	0.36	0.30	0.43	0.36	0.43
50	0.44	0.52	0.47	0.47	0.42	0.50	0.44	0.50
63	0.50	0.53	0.53		0.46	0.59	0.50	0.59
80	0.51	0.56	0.56	0.59	0.50	0.61	0.58	0.61
100	0.56	0.60	0.61	0.66	0.58	0.64	0.61	0.64

容量/kVA	体积/m³							
	厂家 1	厂家 2	厂家 3	厂家 4	厂家 5	厂家 6	厂家 7	厂家 8
125	0.86	0.67	0.65	0.78	0.74	0.97	0.86	0.97
160	0.96	0.70	0.96	1.08	0.90	1.12	0.96	1.12
200	0.86	0.99	1.03	1.17	1.09	1.18	1.05	1.15
250	1.02	1.18	1.13	1.31	1.19	1.45	1.20	1.45
315	1.22	1.62	1.23	1.69	1.40	1.68	1.25	1.68
400	1.41	1.66	1.41	1.95	1.67	1.87	1.60	1.87
500	1.65	1.93	1.52	2.21	1.89	2.05	1.73	2.01
630	2.19	2.54	1.89	2.51	2.17	2.24	2.24	2.24
800	2.61	3.17	1.92	2.78	2.59	2.70	2.61	2.70
1 000	3.07	3.48	2.34	3.43	3.24	3.19	3.07	3.19
1 250	3.71	3.89	2.74	3.94	3.77	3.86	3.71	3.86
1 600	4.10	4.38	3.36	4.35	4.15	4.48	4.10	4.48

注：空白处表示该厂家无对应型号变压器。

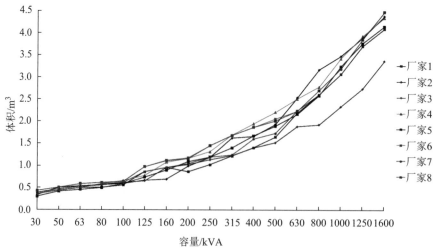

图 3.7　多个厂家 S11M 系列变压器体积参数

从表 3.3 和图 3.7 可以看出，除厂家 3 后 4 个型号的数据外，不同厂家同型号变压器的体积是比较接近的。因此，我们可以通过大量数据的统计分析得到一个变压器体积的参考值及可偏差范围。以 S11M 系列数据为例，剔除厂家 3 的数据，取另外 7 个厂家的体积平均值为参考值，最大允许偏差选为+20%，由此得到 S11M 系列变压器体积参考值及最大允许偏差值，见表 3.4 和图 3.8。

表 3.4   S11M 系列变压器体积参考值及最大允许偏差值

容量/kVA	体积参考值/m³	最大允许偏差值/m³	容量/kVA	体积参考值/m³	最大允许偏差值/m³
30	0.366	0.440	315	1.505	1.806
50	0.466	0.560	400	1.719	2.062
63	0.526	0.631	500	1.924	2.309
80	0.566	0.679	630	2.304	2.765
100	0.612	0.735	800	2.737	3.285
125	0.836	1.004	1 000	3.239	3.887
160	0.973	1.168	1 250	3.818	4.582
200	1.070	1.284	1 600	4.289	5.146
250	1.257	1.509			

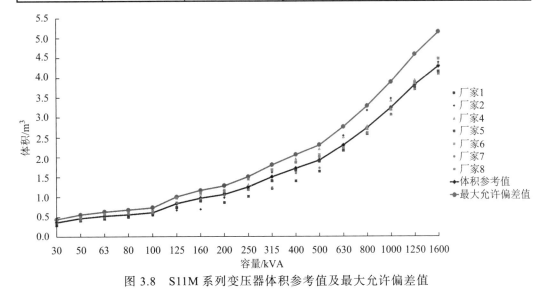

图 3.8   S11M 系列变压器体积参考值及最大允许偏差值

可以看出，最大允许偏差值的倍数选择对最终的鉴别结果将产生很大的影响，如果选取的倍数偏小，就会导致部分铜绕组变压器被误判为铝绕组变压器；如果选取的倍数偏大，就会无法鉴别出某些铝绕组变压器。此处选择 1.2 倍体积参考值作为最大允许偏差值是由统计数据决定的。可以看出，1.2 倍体积参考值正好大于所有厂家的体积值。需要说明的是，由于统计数据量较小，表 3.4 所示体积参考值及最大允许偏差值的准确性需要通过大量的变压器体积数据来验证和修正。

3.4.4 容量体积比法试验验证

本节提出的基于容量体积比的变压器绕组材质鉴别方法需要大量的铝绕组变压器体积数据来验证。但由于目前铝绕组变压器的生产和销售都处于不透明、不公开的状态，因此要找到大量的铝绕组变压器比较困难。为了进行试验，本研究购置了两台同型号的铜绕组变压器和铝绕组变压器，型号为 S11-M-50/10，如图 3.9 所示。

（a）铜绕组变压器 　　　　　　　　　　（b）铝绕组变压器

图 3.9　变压器实物

首先对两台变压器进行空载试验和短路试验，得到两台变压器的损耗参数如表 3.5 所示。由表 3.2 可知 S11-M-50/10 变压器损耗参数国家标准规定值分别为空载损耗 130 W，负载损耗 870 W（Yyn0 联结组）、910 W（Dyn11 联结组）。本试验所用铜绕组变压器为 Yyn0 联结组，其空载损耗与规定值相同，负载损耗超过规定值+4.8%，满足国家标准要求；铝绕组变压器为 Dyn11 联结组，其空载损耗超过规定值+7.7%，负载损耗超过+0.9%，总损耗超过+1.7%，也满足国家标准要求。

表 3.5　试验变压器损耗参数

类别	铜变空载损耗	铜变负载损耗	铝变空载损耗	铝变空载损耗
W	129	912	140	918

再测量两变压器的外形尺寸，如表 3.6 所示。由图 3.10 可以看出，铜绕组变压器的体积比体积参考值小，偏差达到 −18%，偏差较大。这说明现有体积参考值不能很好地反映所有铜绕组变压器的尺寸，还需进一步修正。铝绕组变压器的体积比最大允许偏差值大+1%，因此运用该方法可以鉴别出铝绕组变压器。试验验证表明本章提出的鉴别方法方便快捷，具有一定的实用性和可行性。但在实际应用中，准确性不高，有一定的偶然性。还需要大量的数据来验证和修正，特别是铝绕组变压器的体积数据。同时现有体积参数都是通过测量变压器的最大长宽高来计算的，包括散热片、油位计、套管等的尺寸，由于这些外围结构在设计中存在着一定的差异性，该方法的准确性受到一定影响。后续研究中可只测量变压器的箱体尺寸来计算体积，该方法的有效性可进一步增强。

表 3.6 试验变压器尺寸参数

类别	铜变长宽高 /mm×mm×mm	铜变体积 /m³	铝变长宽高 /mm×mm×mm	铝变体积/m³
参数	780×480×1 020	0.382	800×680×1 040	0.566

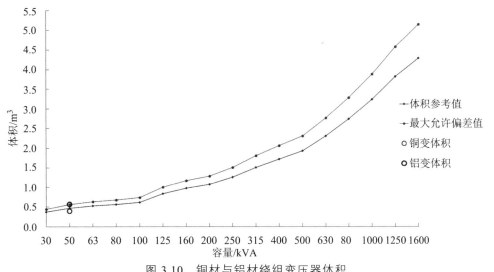

图 3.10 铜材与铝材绕组变压器体积

3.4.5 小 结

本节主要完成了以下研究内容：

（1）对变压器的性能参数空载损耗 P_0、空载电流 I_0（%）、负载损耗 P_k、短路阻抗 U_k（%）进行了详细的理论推导，在此基础上分析了四个性能参数之间的关系，并由此得出要保证铝绕组变压器四个性能参数都满足国家标准，只能增大绕组导线横截面积的结论。

（2）分析了绕组导线横截面积增大对变压器体积的影响，并由此提出了基于容量体积比的变压器绕组材质鉴别方法，其中变压器损耗参数参考值采用国家标准参数，体积参数参考值及最大允许偏差通过统计数据得到。

（3）通过两台同型号的铜材与铝材绕组变压器对基于容量体积比的变压器绕组材质鉴别方法进行试验验证，试验结果表明该方法简单快捷，但该方法准确性较差，有一定的偶然性，需要大量的变压器体积数据来进行验证和修正，不同厂家设计差异大，标准参考值和最大允许偏差值无法确定，不可行。

3.5　电阻温度系数法

上节提出了一种基于容量体积比的变压器绕组材质鉴别方法，该方法简单快捷，具有一定的实用性和可行性。但其准确性较差，还需大量的变压器体积数据来进行验证和修正。本节从铜铝电阻温度系数的差异出发，分析铜和铝的电阻随温度变化的关系，并由此提出基于电阻温度系数的变压器绕组材质鉴别方法。

3.5.1　电阻温度系数法原理

金属的电阻值会随着温度的升高而增大，这主要是因为电阻率与温度间近似地存在线性关系：

$$\rho = \rho_0 (1 + \alpha t) \tag{3.51}$$

式中，ρ 为 $t\ °C$ 时的电阻率；ρ_0 为 $0\ °C$ 时的电阻率；α 为电阻温度系数；t 为摄氏温度。

根据量子理论，金属的电导率 σ 为：

$$\sigma = \frac{ne^2 \tau_F}{m^*} \tag{3.52}$$

式中，n 为电子总浓度；e 为基元电荷；τ_F 为电子的弛豫时间；m^* 为电子的有效质量。

金属的电阻率 ρ 为

$$\rho = \frac{1}{\sigma} = \frac{m^*}{ne^2 \tau_F} \tag{3.53}$$

电子与原子实际碰撞可认为是完全弹性的，则弛豫时间为：

$$\tau_{\mathrm{F}} = \frac{\bar{l}}{\bar{V}}$$ （3.54）

式中，$\bar{l}$ 为电子平均自由行程；$\bar{V}$ 为电子热运动平均速率。

由式（3.53）和式（3.54）可得：

$$\rho = \frac{m^* \bar{V}}{ne^2 \bar{l}}$$ （3.55）

金属原子实的平均能量为：

$$\bar{\varepsilon} = m^* \omega^2 a^2$$ （3.56）

式中，ω 为谐振运动角频率；a 为谐振运动平均振幅。

根据能量均分定理：

$$\bar{\varepsilon} = KT$$ （3.57）

式中，T 为绝对温度。

由式（3.56）和式（3.57）可得：

$$a^2 = \frac{KT}{m^* \omega^2}$$ （3.58）

由于电子平均自由行程与原子实作谐振运动时的平均振幅的平方成反比，即

$$\bar{l} \propto \frac{1}{a^2}$$ （3.59）

由式（3.58）和式（3.59）可得：

$$\bar{l} \propto \frac{1}{T}$$ （3.60）

联立式（3.55）和式（3.60）可得：

$$\rho \propto \frac{m^* \bar{V}}{ne^2} \cdot T$$ （3.61）

由于电子总浓度 n、电子热运动平均速率 $\bar{V}$ 受温度的影响较小，一般可视为常数，因此电阻率 ρ 与 T 成正比，设比例系数为 β，则：

$$\rho = \beta T = \beta(273 + t) = 273\beta[1 + (1/273)t]$$ （3.62）

对比式（3.61）和式（3.62）可知，金属电阻温度系数为：

$$\alpha = 1/273 \approx 0.003\ 66 \tag{3.63}$$

从上述分析可知，在理想状态下，纯金属的电阻温度系数约为 0.003 66。但在实际中，不同金属的 n 和 $\overline{V}$ 受温度的影响大小是不相同的，这造成不同金属的电阻温度系数不同。对于少数金属，其 n 和 $\overline{V}$ 受温度影响较小，它的电阻温度系数基本稳定在 0.003 66 附近，如铂。对于大多数金属，其 n 和 $\overline{V}$ 会随温度变化，故其电阻温度系数会有一定的差异，且一般会高于 0.003 66，如铜和铝。

3.5.2　铜和铝的电阻温度关系

由于金属的电阻率与温度近似地存在线性关系，则金属的电阻值和温度的关系也近似为线性：

$$R_t = R_0(1 + \alpha t) \tag{3.64}$$

式中，R_t 为金属材料在 $t\ ^\circ\text{C}$ 时的电阻值；R_0 为 0 ℃ 时的电阻值；α 为金属的电阻温度系数。

精确计算时，金属电阻和温度存在如下关系：

$$R_t = R_0(1 + \alpha t + \beta t^2 + \gamma t^3 + \cdots) \tag{3.65}$$

式中，α、β、γ 分别为一次电阻温度系数、二次电阻温度系数、三次电阻温度系数。

温度不同时，金属的电阻温度系数不一样。铜铝在 20 ℃ 时的电阻温度系数分别为 0.003 93，0.004 29，两者相差 8.4%。其余温度时的电阻温度系数可由国标《电气装备电线电缆铜、铝导电线芯》（GB 3956—1983）给出的电阻温度系数校正系数 K_t 进行修正：

$$K_{t-\text{Cu}} = \frac{1}{1 + 0.003\ 93(t - 20)} \tag{3.66}$$

$$K_{t-\text{Al}} = \frac{1}{1 + 0.004\ 03(t - 20)} \tag{3.67}$$

计算可得铜和铝在 0 ℃ 时的校正系数分别为 1.085 3、1.087 7，由此得到铜和铝在 0 ℃ 时的电阻温度系数分别为 0.004 265、0.004 666。则铜和铝的一次函数电阻温度关系式为：

$$R_t = R_0(1 + 4.265 \times 10^{-3} t) \tag{3.68}$$

$$R_t = R_0(1 + 4.666 \times 10^{-3} t) \tag{3.69}$$

《工业铜热电阻技术条件及分度表》（JB/T 8623—1997）给出了铜的三次函数电阻温度关系式为：

$$R_t = R_0[1 + 4.280 \times 10^{-3}t - 9.31 \times 10^{-8}t(t-100) + 1.23 \times 10^{-9}t^2(t-100)] \quad (3.70)$$

现有文献未给出铝的更精确的电阻温度关系式，故先对铜的一次函数电阻温度关系式、三次函数电阻温度关系式进行分析。由式（3.68）和式（3.70）可得铜的一次函数和三次函数电阻温度关系式的偏差如图 3.11 所示。

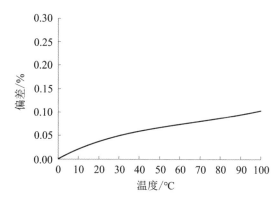

图 3.11 铜的一次函数和三次函数电阻温度关系式的偏差

由图 3.11 可以看出，铜的一次函数和三次函数电阻温度关系式从 0 ~ 100 ℃ 的最大偏差仅为 0.1%，说明一次函数电阻温度关系式的准确度已经较高。故铝的电阻温度关系可由式（3.69）表示，由此得到铜和铝的电阻温度关系曲线如图 3.12 所示。

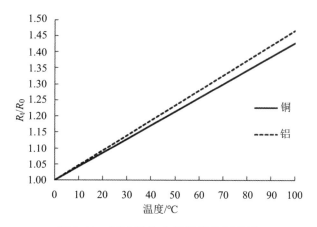

图 3.12 铜和铝的电阻温度关系曲线

3.5.3 电阻温度系数法判据

从上节的分析可知铜和铝的电阻值随温度的变化情况不一致，因此，只要通过试验测得不同温度时变压器绕组的直流电阻值，即可判断绕组材质。为了简化鉴别流程，首先得到铜和铝的电阻温度分度表，见表 3.7、表 3.8。再取铜和铝的平均值作为电阻温度系数法的参考值，见表 3.9。例如，试验中测得变压器绕组在 t_1 °C、t_2 °C 时的直流电阻值分别为 R_1、R_2，表 3.9 中两对应温度点的值分别为 k_1、k_2。则变压器绕组直流电阻值变化倍数为 R_2/R_1，参考值为 k_2/k_1。若 R_2/R_1 大于 k_2/k_1，则判定绕组材质为铝；若 R_2/R_1 小于 k_2/k_1，则判定绕组材质为铜。

表 3.7 铜电阻温度分度表

°C	0	1	2	3	4	5	6	7	8	9
0	1.000 0	1.004 3	1.008 6	1.012 9	1.017 2	1.021 4	1.025 7	1.030 0	1.034 3	1.038 6
10	1.042 9	1.047 2	1.051 4	1.055 7	1.060 0	1.064 3	1.068 6	1.072 9	1.077 1	1.081 4
20	1.085 7	1.090 0	1.094 3	1.098 6	1.102 8	1.107 1	1.111 4	1.115 7	1.120 0	1.124 2
30	1.128 5	1.132 8	1.137 1	1.141 4	1.145 6	1.149 9	1.154 2	1.158 5	1.162 7	1.167 0
40	1.171 3	1.175 6	1.179 9	1.184 1	1.188 4	1.192 7	1.197 0	1.201 2	1.205 5	1.209 8
50	1.214 1	1.218 4	1.222 6	1.226 9	1.231 2	1.235 5	1.239 7	1.244 0	1.248 3	1.252 6
60	1.256 8	1.261 1	1.265 4	1.269 7	1.274 0	1.278 2	1.282 5	1.286 8	1.291 1	1.295 3
70	1.299 6	1.303 9	1.308 2	1.312 4	1.316 7	1.321 0	1.325 3	1.329 6	1.333 8	1.338 1
80	1.342 4	1.346 7	1.350 9	1.355 2	1.359 5	1.363 8	1.368 1	1.372 3	1.376 6	1.380 9
90	1.385 2	1.389 5	1.393 7	1.398 0	1.402 3	1.406 6	1.410 9	1.415 2	1.419 4	1.423 7

表 3.8 铝电阻温度分度表

°C	0	1	2	3	4	5	6	7	8	9
0	1.000 0	1.004 7	1.009 3	1.014 0	1.018 7	1.023 3	1.028 0	1.032 7	1.037 3	1.042 0
10	1.046 7	1.051 3	1.056 0	1.060 7	1.065 3	1.070 0	1.074 7	1.079 3	1.084 0	1.088 7
20	1.093 3	1.098 0	1.102 7	1.107 3	1.112 0	1.116 7	1.121 3	1.126 0	1.130 7	1.135 3
30	1.140 0	1.144 6	1.149 3	1.154 0	1.158 6	1.163 3	1.168 0	1.172 6	1.177 3	1.182 0
40	1.186 6	1.191 3	1.196 0	1.200 6	1.205 3	1.210 0	1.214 6	1.219 3	1.224 0	1.228 6
50	1.233 3	1.238 0	1.242 6	1.247 3	1.252 0	1.256 6	1.261 3	1.266 0	1.270 6	1.275 3
60	1.280 0	1.284 6	1.289 3	1.294 0	1.298 6	1.303 3	1.308 0	1.312 6	1.317 3	1.322 0
70	1.326 6	1.331 3	1.336 0	1.340 6	1.345 3	1.350 0	1.354 6	1.359 3	1.364 0	1.368 6
80	1.373 3	1.378 0	1.382 6	1.387 3	1.392 0	1.396 6	1.401 3	1.405 9	1.410 6	1.415 3
90	1.419 9	1.424 6	1.429 3	1.433 9	1.438 6	1.443 3	1.447 9	1.452 6	1.457 3	1.461 9

表 3.9　电阻温度系数法参考值

°C	0	1	2	3	4	5	6	7	8	9
0	1.000 0	1.004 5	1.009 0	1.013 4	1.017 9	1.022 4	1.026 9	1.031 3	1.035 8	1.040 3
10	1.044 8	1.049 2	1.053 7	1.058 2	1.062 7	1.067 1	1.071 6	1.076 1	1.080 6	1.085 0
20	1.089 5	1.094 0	1.098 5	1.102 9	1.107 4	1.111 9	1.116 4	1.120 8	1.125 3	1.129 8
30	1.134 3	1.138 7	1.143 2	1.147 7	1.152 1	1.156 6	1.161 1	1.165 6	1.170 0	1.174 5
40	1.179 0	1.183 4	1.187 9	1.192 4	1.196 9	1.201 3	1.205 8	1.210 3	1.214 7	1.219 2
50	1.223 7	1.228 2	1.232 6	1.237 1	1.241 6	1.246 0	1.250 5	1.255 0	1.259 5	1.263 9
60	1.268 4	1.272 9	1.277 3	1.281 8	1.286 3	1.290 8	1.295 2	1.299 7	1.304 2	1.308 6
70	1.313 1	1.317 6	1.322 1	1.326 5	1.331 0	1.335 5	1.340 0	1.344 4	1.348 9	1.353 4
80	1.357 8	1.362 3	1.366 8	1.371 3	1.375 7	1.380 2	1.384 7	1.389 1	1.393 6	1.398 1
90	1.402 6	1.407 0	1.411 5	1.416 0	1.420 5	1.424 9	1.429 4	1.433 9	1.438 4	1.442 8

3.5.4　电阻温度系数法模拟试验验证

为了验证该方法的可行性，首先在实验室中用铜线、铝线、小型变压器进行了模拟试验验证。

1. 铜线铝线模拟试验

测量铜线铝线电阻随温度的变化情况来验证该方法的可行性。为了更接近变压器绕组的情况，选择铜线铝线的线径和长度使其电阻值为 1 Ω 左右，试验中通过温度计准确测量试品上的温度，如图 3.13 所示。通过恒温箱进行温度的调节，如图 3.14 所示。为了达到足够的精度，选用高精度的数字万用表测量铜线（铝线）的电阻，同时测量方案选用四线制，可减小由引线误差和接触电阻等带来的误差，如图 3.15 所示。

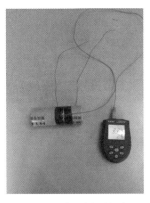

图 3.13　铜线铝线试品

图 3.14　恒温箱

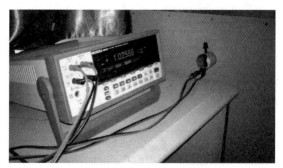

图 3.15　高精度数字万用表

试验设备型号及参数如表 3.10 所示，试验共测得 35～80 ℃ 间 10 个温度点铜线铝线试品的电阻值，试验数据见表 3.11。

表 3.10　试验设备型号及参数

设备名称	型号	参数
恒温箱	永恒 etrnal	空气加热型 20～100 ℃
高精度数字万用表	Fluke8846A	精度 6.5 位
温度计	TASI-8620	精度 ±0.1 ℃
铜线试品	直径 0.38 mm	长 6.5 m
铝线试品	直径 0.50 mm	长 7 m

表 3.11　铜线铝线试验数据

温度/℃	35.0	40.0	45.0	50.0	55.0	60.0	65.0	70.0	75.0	80.0
铝线电阻 /Ω	1.114 46	1.137 27	1.159 86	1.182 22	1.204 03	1.225 74	1.247 56	1.269 09	1.290 77	1.312 02
铜线电阻 /Ω	1.061 73	1.081 79	1.102 04	1.122 46	1.142 40	1.162 49	1.182 21	1.202 41	1.222 65	1.242 39

图 3.16 为铜线铝线试验曲线，取温差最大的两点进行验证。铜线、铝线 80 ℃ 电阻值与 35 ℃ 电阻值的比分别为 1.242 39/1.061 73 = 1.170 2，1.312 02/1.114 64 = 1.177 1。由表 3.7、表 3.8、表 3.9 可知铜铝 80 ℃ 电阻值与 35 ℃ 电阻值的比的理论值分别为 1.342 4/1.149 9 = 1.167 4，1.373 3/1.163 3 = 1.180 5，参考值为 1.174 0。铜线与理论值偏差为 +0.24%，低于参考值，铝线与理论值偏差为 − 0.25%，高于参考值。证明在该试验条件下，电阻温度系数法可用于鉴别铜线和铝线，任取两温度点验证也可得到相同结论。

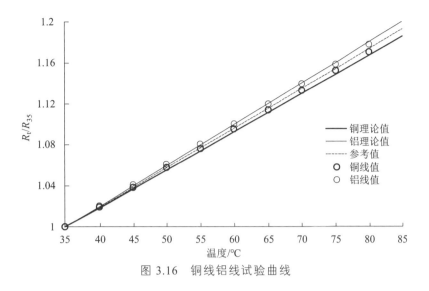

图 3.16　铜线铝线试验曲线

2. 小型变压器模拟试验

为了进一步验证该方法的可行性，我们对小型变压器进行试验。小型变压器采用如图 3.17 所示的 BK-50 控制变压器，其余试验设备与铜线铝线模拟试验相同。

图 3.17　小型变压器

小型变压器模拟试验中，由于温控箱采用气浴，变压器受热十分缓慢。每一个温度点需等待一个半小时左右，变压器温度才能达到温控箱设定值。因此，小型变压器的试验数据只采集了六个点，如表 3.12 所示。

表 3.12   小型变压器试验数据

温度/°C	35.0	40.0	45.1	50.1	55.2	60.2
小型变压器电阻/Ω	43.322 4	44.137 4	44.984 7	45.795 9	46.622 4	47.408 2

图 3.18 为小型变压器试验曲线，取温差最大的两点进行验证。小型变压器 60 °C 电阻值与 35 °C 电阻值的比为 47.408 2/43.322 4 = 1.094 3。由表 3.7、表 3.8、表 3.9 可知铜铝 60 °C 电阻值与 35 °C 电阻值的比的理论值分别为 1.256 8/1.149 9 = 1.093 0，1.280 0/1.163 3 = 1.100 3，参考值为 1.096 6。与铜铝理论值的偏差分别为 +0.12%、－0.55%，低于参考值，因此，判断该变压器绕组的材质为铜。通过小型变压器模拟试验进一步验证了该方法的有效性和可行性，可使用真型配电变压器进行下一步试验验证。

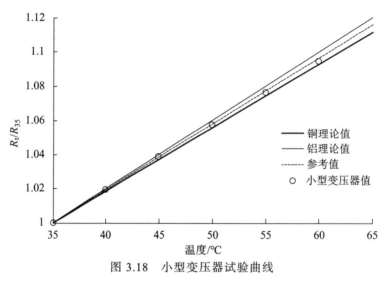

图 3.18   小型变压器试验曲线

3.5.5   电阻温度系数法配电变压器试验验证

采用 3.3 节所示的两台 S11-M-50/10 铜材与铝材绕组配电变压器进行试验验证。试验方案如图 3.19 所示，铜材与铝材绕组变压器同时放置于高温试验箱内，高低压侧均用引线引出，可由变压器直流电阻测试仪分别测量铜变、铝变的高压侧低压侧直流电阻。此处变压器直流电阻不能再通过万用表测量，因为电力变压器绕组具有很大的电感和很小的电阻，尤其是其容量越大，绕组的电感就越大，电阻越小，因而其时间常数较大。在测量绕组直流电阻时，充电电流需要经过一个较长时间的暂态过程才能达到稳定。因此，需使用专门的变压器直流电阻测试仪来快速地测量变压器绕组直流电阻。为了测量变压器绕组的温度,在铜材与铝材绕组变压器周围各布置了 4 个 PT100 测温点,4 个测温点分别为顶层油温点、绕组接头点、正面底部点、背面顶部点,试验中可通过这 4 个点的温度来判断变压器绕组的温度。

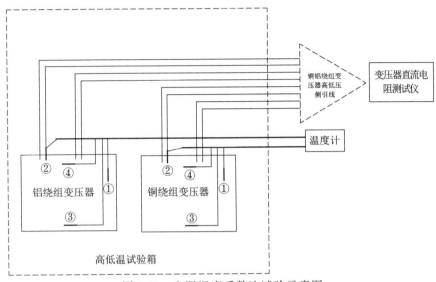

图 3.19　电阻温度系数法试验示意图

图 3.20 为电阻温度系数法试验实拍图,选用重庆创测科技有限公司高温试验箱,型号为 CST-230B,工作室尺寸(长×宽×高)为 1 600 mm×1 000 mm×2 000 mm,温度范围 20~200 °C,温度波动度为±0.5 °C,温度均匀度小于 2.0 °C,试验箱通过三风道循环加热。由于试验箱空间有限,为了将两台变压器同时放入,铜绕组变压器的位置比铝绕组变压器稍高。图 3.21 为测温点位置,(a)、(b)、(c)分别为测温点 1、2、3,测温点 4 在变压器背部,不便拍摄。图 3.22 为试验中使用的变压器直流电阻测试仪。

图 3.20　电阻温度系数法试验

（a）顶层油温点　　　　　　（b）绕组接头点　　　　　　（c）正面底部点

图 3.21　测温点位置

图 3.22　变压器直流电阻测试仪

一般情况下，测量变压器的直流电阻时，直流电阻仪的测试钳直接夹在高低压侧接头处（见图 3.23）。此处由于高温试验箱的测试孔较小，且试验中需同时测量两

图 3.23　变压器高低压侧引线

台变压器高低压侧共 4 个直流电阻的值，只能在变压器高低压侧上接引线。由于多接了一段引线，因此会对直流电阻的测量造成误差。表 3.13 为变压器接引线和不接引线时高低压侧直流电阻的值。

表 3.13　常温时变压器直流电阻值

直流电阻 /Ω	铜绕组变压器		铝绕组变压器	
	高压侧（AB）	低压侧（ao）	高压侧（AB）	低压侧（ao）
不接引线	28.18（30 ℃）	0.001 66（30 ℃）	32.99（20 ℃）	0.020 39（20 ℃）
接引线	27.65（24.1 ℃）	0.062 56（24.1 ℃）	34.38（23.8 ℃）	0.072 03（23.8 ℃）

由表 3.13 可以看出，由于高压侧直流电阻值大，低压侧直流电阻值小，接入引线后高压侧的测量值与不接入引线时的基本相等，低压侧的测量值与不接入引线时的有很大差距。因此，本试验中只能测量变压器高压侧直流电阻值。

由于无法直接测量变压器绕组的温度，因此，本试验的难度在于如何确保变压器温度已经达到平衡以及如何得到变压器绕组处的温度。由于变压器受热很慢，试验共选择了 3 个温度点：35 ℃、55 ℃、75 ℃。表 3.14 为 35 ℃ 变压器试验数据。

表 3.14　35 ℃ 时变压器试验数据

时间	时间差 /h	铜1 温度 /℃	铜2 温度 /℃	铜3 温度 /℃	铜4 温度 /℃	铝1 温度 /℃	铝2 温度 /℃	铝3 温度 /℃	铝4 温度 /℃	铜变 电阻 /Ω	铝变 电阻 /Ω	试验箱 温度 /℃
16:30	0.00	24.1										35
21:50	5.33	31.4										100
22:10	5.67	48.1										35
0:04	7.57	46.1	41.4	40.0	44.9	48.9	48.2	47.6	41.5	29.77	37.57	35
8:08	15.63	36.1	35.9	34.7	35.6	38.1	37.4	37.2	36.0	29.37	36.78	35
8:38	16.13	35.8	35.2	34.5	35.0	37.8	37.1	36.8	35.8	29.30	36.67	35
9:20	16.83	35.6	34.9	34.4	34.9	37.4	36.7	36.6	35.7	29.25	36.59	35
10:00	17.50	35.2	34.6	34.3	34.6	37.0	36.3	36.2	35.6	29.22	36.57	35
11:00	18.50	34.8	34.4	34.2	34.4	36.5	36.0	35.9	35.4	29.16	36.55	35
12:00	19.50	34.5	34.2	34.0	34.2	36.2	35.7	35.4	35.3	29.11	36.44	35

续表

时间	时间差/h	铜1温度/°C	铜2温度/°C	铜3温度/°C	铜4温度/°C	铝1温度/°C	铝2温度/°C	铝3温度/°C	铝4温度/°C	铜变电阻/Ω	铝变电阻/Ω	试验箱温度/°C
13:00	20.50	34.3	34.1	34.0	34.1	36.0	35.6	35.4	35.3	29.05	36.39	35
14:00	21.50	34.3	34.1	34.0	34.1	35.8	35.4	35.2	35.2	29.03	36.34	35
16:00	23.50	34.1	34.1	34.1	34.1	35.6	35.3	35.2	35.2	28.94	36.23	35
17:00	24.50	34.1	34.1	34.1	34.1	35.4	35.2	35.1	35.2	28.94	36.23	35
18:00	25.50	34.0	34.0	34.1	34.1	35.4	35.1	35.1	35.2	28.87	36.09	35
19:00	26.50	34.0	34.0	34.1	34.0	35.4	35.1	35.1	35.2	28.92	36.18	35
21:09	28.65	33.8	33.9	33.9	33.8	35.2	34.9	35.0	35.1	29.02	36.35	35

图 3.24 为 35 °C 时铜绕组变压器测温点 1 的温度曲线, 从该曲线可以看出 35 °C 时变压器的加热过程。首先试验箱温度设定为 35 °C, 变压器升温很慢, 五个多小时后铜绕组变压器顶层温度仅升高到 31.4 °C。为加快升温速度, 将试验温度设定为 100 °C, 变压器升温很快, 20 min 后达到 48.1 °C, 再将试验箱温度设定为 35 °C, 等待变压器温度逐渐下降。可以看出, 变压器 35 °C 升温过程和 35 °C 降温过程都很慢。为了使变压器尽快地稳定在设定温度, 可以先提高试验箱温度, 当变压器温度接近设定温度后再降低试验箱温度到设定温度, 55 °C 和 75 °C 时的试验均采用这种方法。

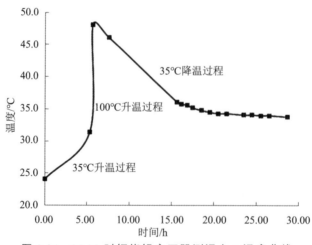

图 3.24 35 °C 时铜绕组变压器测温点 1 温度曲线

图 3.25 为 35℃ 时铜材与铝材绕组变压器 8 个测温点的温度曲线，可以看出经过足够长的时间后，铜绕组变压器、铝绕组变压器各个测温点的温度将趋于一致，铜绕组变压器约为 34 ℃，铝绕组变压器约为 35 ℃，与试验箱设定温度接近。图 3.26 和图 3.27 分别为 35 ℃ 时铜材与铝材绕组变压器直流电阻随时间的变化曲线，可以看出经过足够长的时间后，两者的直流电阻值变化趋势将出现拐点并来回小幅度波动，说明此时变压器温度已达到平衡，可取此时的温度和直流电阻值进行计算。选取最后一个时刻的数据，温度取 4 个测温点的平均值，即铜绕组变压器直流电阻 29.02 Ω（33.85 ℃）、铝绕组变压器直流电阻 36.35 Ω（35.05 ℃）。

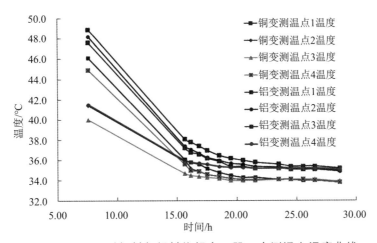

图 3.25　35 ℃ 时铜材与铝材绕组变压器 8 个测温点温度曲线

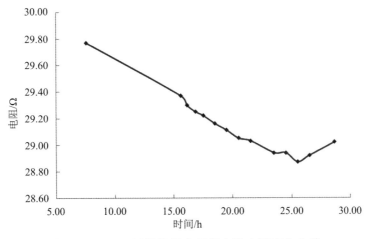

图 3.26　35 ℃ 时铜绕组变压器直流电阻变化曲线

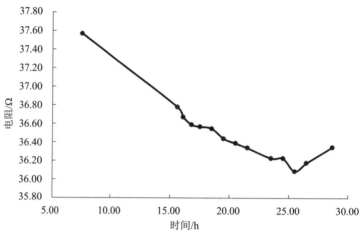

图 3.27　35 ℃ 时铝绕组变压器直流电阻变化曲线

　　同理，图 3.28 为 55℃ 时铜绕组变压器测温点 1 的温度曲线，从该曲线可以看出 55 ℃ 时变压器的加热过程。首先将试验箱温度设定为 75 ℃，变压器温度迅速升高，一个多小时后铜绕组变压器顶层温度升高到 49.3 ℃，再将试验箱温度设定为 55 ℃，变压器温度缓慢上升直至稳定。图 3.29 为 55 ℃ 时铜材与铝材绕组变压器 8 个测温点的温度曲线，图 3.30 和图 3.31 分别为 55 ℃ 时铜材与铝材绕组变压器直流电阻随时间的变化曲线。

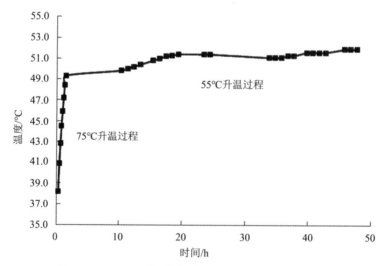

图 3.28　55 ℃ 时铜绕组变压器测温点 1 温度曲线

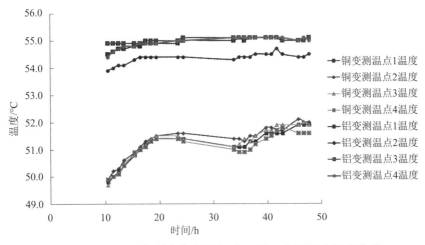

图 3.29　55 ℃ 时铜材与铝材绕组变压器 8 个测温点温度曲线

　　从图 3.29 可以看出 55 ℃ 时十个小时后铜材与铝材绕组变压器的温度会上下波动，最终基本稳定。铝绕组变压器测温点 2 的温度值与其余三个点有较大差距，其余三个点稳定在 55 ℃ 左右，与试验箱设定温度相同。铜绕组变压器 4 个点温度基本相等，稳定在 52 ℃ 左右，比试验箱设定温度低。图 3.30 和图 3.31 中铜材与铝材绕组变压器直流电阻的变化趋势与测温点温度变化趋势基本相同。选取最后一个时刻的数据，铜绕组变压器温度取 4 个测温点的平均值，铝绕组变压器温度取测温点 1、3、4 的平均值，即铜绕组变压器直流电阻 31.10 Ω（51.85 ℃）、铝绕组变压器直流电阻 39.27 Ω（55.07 ℃）。

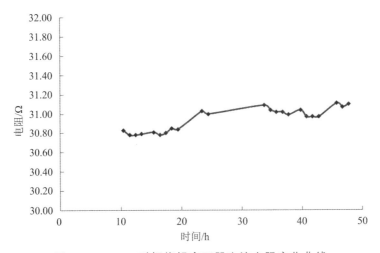

图 3.30　55 ℃ 时铜绕组变压器直流电阻变化曲线

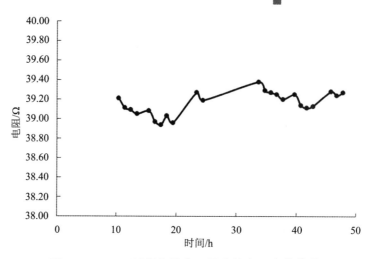

图 3.31　55 ℃ 时铝绕组变压器直流电阻变化曲线

　　图 3.32 为 75 ℃ 时铜绕组变压器测温点 1 的温度曲线，从该曲线可以看出 75 ℃ 时变压器的加热过程。首先将试验箱温度设定为 100 ℃，加热一段时间后将试验箱温度设定为 95 ℃，两个多小时后铜绕组变压器顶层温度升高到 75.1 ℃，再将试验箱温度设定为 75 ℃，经过足够长的时间后变压器温度逐渐稳定。

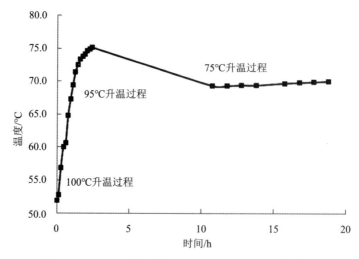

图 3.32　75 ℃ 时铜绕组变压器测温点 1 温度曲线

　　图 3.33 为 75 ℃ 时铜材与铝材绕组变压器 8 个测温点的温度曲线，铝绕组变压器测温点 2 的温度值与其余 3 个点有较大差距，其余 3 个点稳定在 75 ℃ 左右，与试验箱设定温度相同。铜绕组变压器 4 个点温度基本相等，稳定在 70 ℃ 左右，比试验箱

设定温度低。图 3.34 和图 3.35 分别为 75 ℃ 时铜材与铝材绕组变压器直流电阻随时间的变化曲线。10 个小时后，两变压器直流电阻值上下小幅度波动，基本稳定。选取最后一个时刻的数据，铜绕组变压器温度取 4 个测温点的平均值，铝绕组变压器温度取测温点 1、3、4 的平均值，即铜绕组变压器直流电阻 33.12 Ω（70.075℃）、铝绕组变压器直流电阻 42.10 Ω（75.17 ℃）。

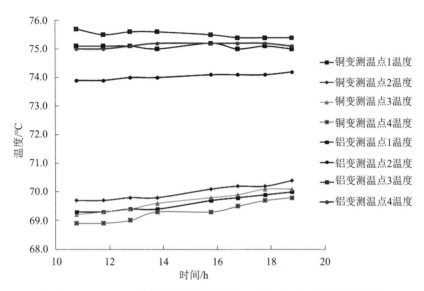

图 3.33　75 ℃ 时铜材与铝材绕组变压器 8 个测温点温度曲线

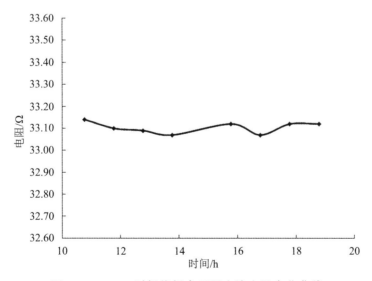

图 3.34　75 ℃ 时铜绕组变压器直流电阻变化曲线

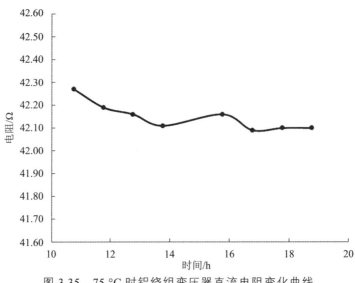

图 3.35 75 ℃ 时铝绕组变压器直流电阻变化曲线

通过上述分析可得铜材与铝材绕组变压器直流电阻与温度的关系,如表 3.15 所示。

表 3.15 电阻温度系数法试验数据

温度/℃	铜绕组变压器			铝绕组变压器		
	33.85	51.85	70.075	35.05	55.07	75.17
直流电阻/Ω	29.02	31.10	33.12	36.35	39.27	42.10

由表 3.15 可以看出铝绕组变压器的温度与试验箱设定温度基本相同,可认为铝绕组变压器内外温度一致,变压器绕组温度可由外部温度反映。图 3.36 为铝绕组变压器试验曲线,取 75 ℃ 和 35 ℃ 电阻值进行验证。铝绕组变压器 75 ℃ 与 35 ℃ 电阻值的比为 42.10/36.35 = 1.158 2,由表 3.7、表 3.8、表 3.9 可知铜铝 75 ℃ 电阻值与 35 ℃ 电阻值的比的理论值分别为 1.321 0/1.149 9 = 1.148 8,1.350 0/1.163 3 = 1.160 4,参考值为 1.154 6。与铜铝理论值的偏差分别为 +0.82%、 − 0.20%,大于参考值,可判定绕组材质为铝,鉴别正确。

铜绕组变压器的温度始终低于试验箱设定温度,温度越高,两者温差越大。可能原因是试验箱的功率不足,导致铜绕组变压器无法达到设定温度。铜绕组变压器两温度间电阻值的比为 33.12/29.02 = 1.141 3。图 3.37 为铜绕组变压器试验曲线,从中可以看出,如果以测量温度 70 ℃ 和 34 ℃ 进行计算,铜铝的理论值分别为 1.299 6/1.145 6 = 1.134 4,1.326 6/1.158 6 = 1.145 0,参考值为 1.139 7,则偏差分别为 +6.08%、 − 0.32%,大于参考值,判定绕组材质为铝,鉴别错误。但如果以试验箱设定温度 75 ℃ 和 35 ℃

进行计算，铜铝的理论值分别为 1.148 8、1.160 4，参考值为 1.154 6，则偏差分别为 −0.62%、−1.64%，小于参考值，判定绕组材质为铜，则鉴别正确。

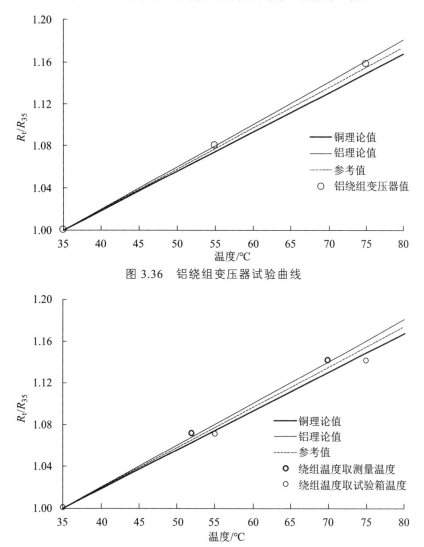

图 3.36　铝绕组变压器试验曲线

图 3.37　铜绕组变压器试验曲线

　　从试验验证可知，电阻温度系数法有效可行，可用于变压器绕组材质的鉴别。同时从铜绕组变压器的试验数据也可以看出，该方法对试验的精度和温度的控制要求较高。其中，变压器的温度必须完全稳定且应与试验箱设定温度接近，才可以保证鉴别方法的准确性。

另外需要说明的是，项目组对铜线、铝线的温度系数进行过实测研究，结果显示测量出的温度系数结果和资料数据有很大的差异，特别是铜线差别很大，原因一方面可能是材料本身并不是纯铜和纯铝，而是有掺杂的合金；另一方面可能是测量本身的精度问题，对结果有一定的影响。因此，采用温度系数法进行实际配变的材质鉴别存在较大难度。

3.5.6 小 结

本节从铜铝电阻温度系数的差异出发，分析了铜和铝的电阻随温度变化的关系，提出了基于变压器绕组直流电阻温度系数鉴别绕组材质的方法，确定了铜、铝绕组鉴别的温度系数参考值，并通过不同铜铝材质、小变压器及真型铜、铝绕组变压器试验验证了该方法的可行性。但是该方法的有效性较差，它依赖于理想模型，测试时间长、占用场地大，而且测量精度和温度控制要求较高。因此，该方法实验室可行，现场难以推广。

3.6 其他方法可行性研究

本研究过程中还提出了"声速法""集肤电阻法""X射线法"，并分别进行了可行性研究。

3.6.1 声速法

1. 模拟试验分析

声速法是利用声波在铜和铝中传播速度的差异来进行检测。在绕组首端施加一声波激励，获取首末两端声波信号时间差及绕组长度，即可计算出声波在绕组中的传播速度，从而判断绕组材料。研究内容包括铜、铝、铜包铝材质声音传播特性分析；变压器绕组声音传播特性分析；声波脉冲产生及接收方式的分析；变压器绕组长度的测量方法等。

室温下，声音在铜中的传播速度为 $3\,810\,\mathrm{m}\cdot\mathrm{s}^{-1}$，在铝中的传播速度为 $5\,000\,\mathrm{m}\cdot\mathrm{s}^{-1}$，差异为31.2%。项目组在实验室对该方案进行了前期试验验证。

在进行声速法前，对三种导线进行了声速测试，图3.38为试验示意图。通过锤击在铜条（铝条、铜包铝条）首端产生一声波信号，在铜条上相隔50 cm处分别固定两个声波传感器，传感器将采集到的信号接入示波器。

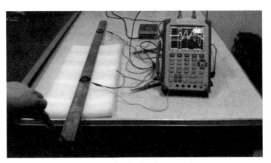

图 3.38　声速法试验示意图

本试验选用的传感器为 CM-01 接触式传感器，如图 3.39 所示。

图 3.39　CM-01 接触式传感器实物图

CM-01B 接触式传声器由灵敏度好、性能稳定的压电薄膜和一个低噪声的前置放大器电路组成，能以缓冲输出的方式提供唯一的声音和拾取振动信号。在产品的结构设计时，尽量将外部的噪声干扰降到最低，当产品中间的橡胶垫接收到振动信号时，产品能输出一个高灵敏度的信号。表 3.16 为传感器性能参数。

表 3.16　传感器性能参数

性能参数	最小值	典型值	最大值	单位
灵敏度		40		V/mm
下限频率（－3 dB）		8		Hz
上限频率（＋3 dB）		2.2		kHz
谐振频率		5		kHz
弹性系数		20		N/m
电子噪声		1		mVpk-pk
供电电压	4	5	30	V-DC
供电电流		0.1		mA
工作温度	+5		+60	°C
存储温度	－20		+85	°C

使用铜条时的部分波形如图 3.40 所示。

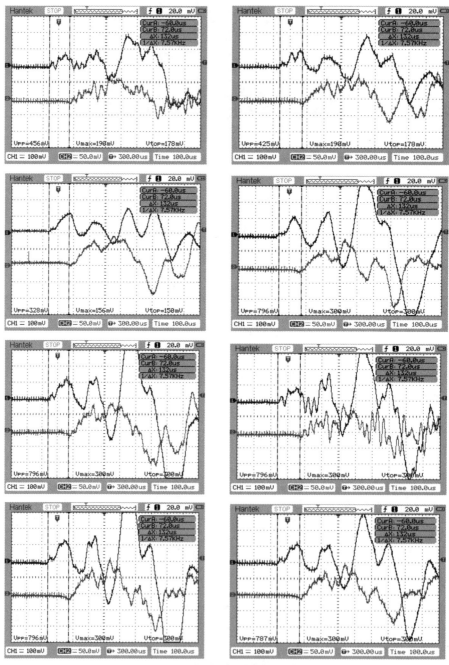

图 3.40　测量铜条时的部分波形

使用铝条时的部分波形如图 3.41 所示。

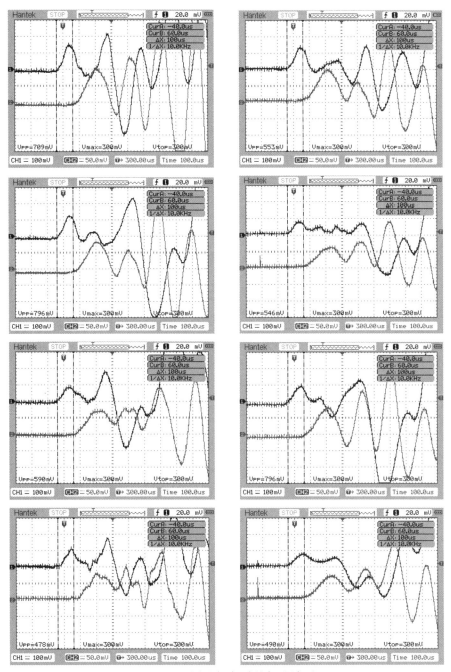

图 3.41 测量铝条时的部分波形

使用铜包铝条时的部分波形如图 3.42 所示。

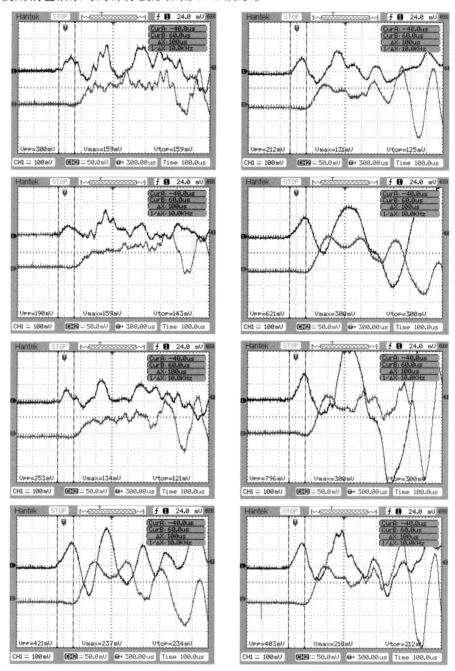

图 3.42　测量铜包铝条时的部分波形

对试验数据分析如下：

（1）对于纯铜，两波形首波到达时间差约 132 μs，计算可得纯铜中声波速度约 3 800 m/s，与理论值非常接近。

（2）对于纯铝，两波形首波到达时间差约 100 μs，计算可得纯铝中声波波速约 5 000 m/s，与理论值非常接近。

（3）对于铜包铝，两波形首波到达时间差约 100 μs，计算可得铜包铝中声波波速约 5 000 m/s，与纯铝中的声波波速基本一致。

该试验一方面验证了测速方法的可行性，另一方面计算出铜包铝中的声波波速，其波速与纯铝中的声波波速基本一致。

2. 变压器试验分析

选用如图 3.43 所示试验变压器作为试验对象，该变压器的线圈参数如表 3.17 所示。

图 3.43　试验变压器实物图

表 3.17　变压器线圈参数

类别	外形尺寸 / mm×mm×mm	线长/m	线规	绕线方式
低压	内 ϕ185×外 ϕ210×高 490	31	4.5×14	圆筒式
高压	内 ϕ230×外 ϕ310×高 470	530	1.4×4	连续式（39 饼，16 匝/饼），饼间间距 6 mm

声速法变压器试验过程如下：

（1）高压侧首末端同时监测。

高压侧首末端同时监测示意图如图 3.44 所示。

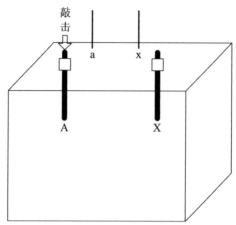

图 3.44 高压侧首末端同时监测示意图

监测得到的波形如图 3.45 所示。

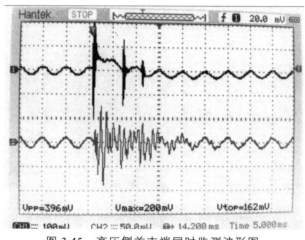

图 3.45 高压侧首末端同时监测波形图

按照理论值计算，高压侧线长为 530 m，铜中声速为 3 810 m/s，则首波时间差理论值为：

$$T = \frac{530}{3\ 810} = 0.139\ 1\ s = 139.1\ ms$$

图中首波时间差实际值为 140 μs，两者相差很大。这说明末端传感器采集到的声波信号并不是从绕组传过去的，而是通过变压器外壳等传播的。因此，在绕组首末端都加传感器，通过两者采集到的首波时间差来计算声速的方案并不可行。而单独观察首端传感器采集到的波形,可以发现波形每隔一段时间有明显的加强,应该为某点反射所致。因此考虑只在首端加传感器,通过反射的特性来计算声速。

（2）只监测高压侧首端。

只监测高压侧首端示意图如图 3.46 所示。

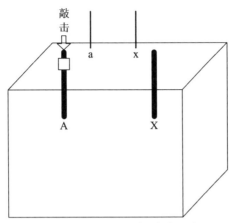

图 3.46 只监测高压侧首端示意图

监测得到的波形如图 3.47 所示。

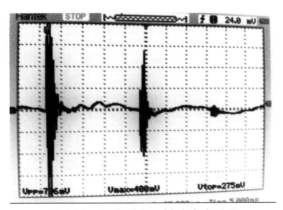

图 3.47 只监测高压侧首端波形图

假设第一个反射波来自高压侧末端,那么第一个反射波与首波的时间差为:

$$T = \frac{530 \times 2}{3\,810} = 0.278\,2 \text{ s} = 278.2 \text{ ms}$$

实际值为 22 ms,两者相差很大,这说明第一个反射波并非来自高压侧末端,应该是高压侧绕组中间的某一点,由于这一点无法确认,那么其距高压侧首端的长度未知,无法用来测量速度。同时可以看出，由于高压侧长度较大，其末端的反射波形基本已经看不到了。因此，考虑将监测点放在低压侧。

（3）只监测低压侧首端。

只监测低压侧首端示意图如图 3.48 所示。

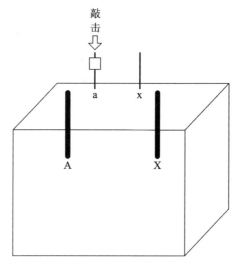

图 3.48　只监测低压侧首端示意图

图 3.49 为两次试验得到的波形。

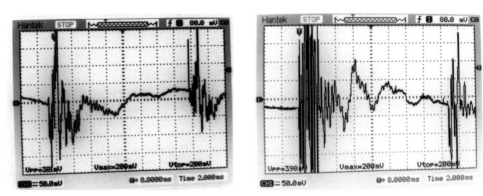

图 3.49　只监测低压侧首端波形图

两个波形时间差非常接近，一个为 16.9 ms，另一个为 16.5 ms。低压侧绕组长度为 31 m，则低压侧末端反射波与首波时间差的理论值为：

$$T = \frac{31 \times 2}{3\,810} = 0.016\,3\ s = 16.3\ ms$$

可以看出，试验值和理论值非常接近，说明第一个反射波确实是由低压侧绕组末端反射的。

3. 声速法可行性分析

理论研究和试验验证了声速法的可行性，但声速法目前还存在以下难点：

① 高压侧线路太长，声波传播复杂，无法进行检测。

② 波形重复性较差，并不是每一次都能得到理想的波形。

③ 声速法除了需要声波传播的时间差，还需要知道绕组的长度，目前还没有较为可行的方法。

综合上述，声速法不可行。

3.6.2　集肤电阻法

1. 集肤电阻原理

文献 *Skin Effect in Tubular and Flat Conductors* 给出了单根实心圆柱形导线的电阻随频率的变化公式，即

$$\frac{R}{R_{dc}} = \frac{mr}{2} \frac{ber(mr)bei'(mr) - bei(mr)ber'(mr)}{ber'^2(mr) + bei'^2(mr)} \tag{3.71}$$

利用式（3.71）进行仿真。取半径为 1 mm，与实际中变压器高压侧绕组的线径接近。原仿真结果如图 3.50 所示。

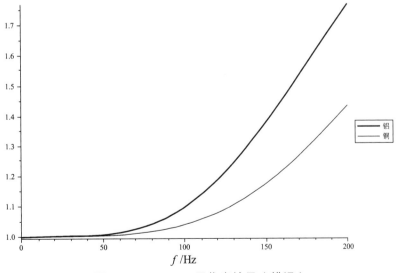

图 3.50　$r = 1$ mm 原仿真结果（错误）

由图 3.50 可以看出，对于半径等于 1 mm 的导线，频率达到 200 Hz 时，铜铝绕组有比较明显的区别。如果此仿真结果正确，该方法中变频电源的频率变化范围和功率要求都较低，绕组的低频等效模型也较为简单。

后来发现此仿真结果有误，重新仿真后得到如图 3.51 所示的结果。

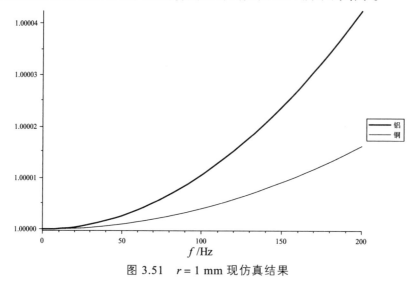

图 3.51　$r = 1$ mm 现仿真结果

由图 3.51 可以看出，对于半径等于 1 mm 的导线，频率达到 200 Hz 时，铜铝的交流电阻和直流电阻基本没有差别，比值接近为 1，无法区分。

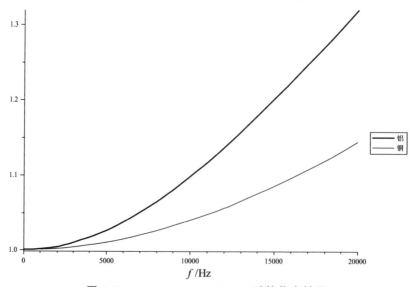

图 3.52　$r = 1$ mm，$f = 20$ kHz 时的仿真结果

从图 3.52 可以看出，频率达到 20 kHz 时，铜铝交流电阻和直流电阻的比值才有比较明显的区别。因此，对于半径为 1 mm 的导线（变压器高压侧绕组），变频电源的频率需达到 20 kHz 以上。

再进一步进行仿真分析，得到不同半径铜导线电阻随频率的变化情况，如图 3.53 所示。

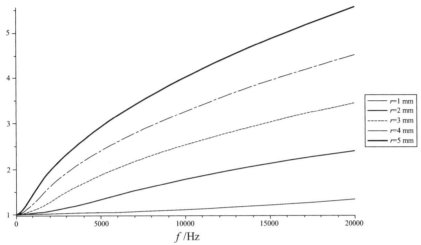

图 3.53　$r = 1$ mm、2 mm、3 mm、4 mm、5 mm 铜导线

由图 3.53 可以看出，导线电阻随频率的变化情况还与半径相关，半径越大，变化越明显。因此该方法中，绕组低压侧比高压侧的变化更为明显。但由于绕组低压侧的电阻很小，需要更高的准确度。

通过仿真分析可知，该方法中变压器低压侧绕组比高压侧绕组曲线变化更快，但由于低压侧绕组电阻很小，其对数据的准确性要求更高。变频电源的频率变化范围需达到 20 kHz 以上，频率变大，变频电源的功率需增大。同时绕组交流电阻的测量方案中，短路试验法测得电阻为一、二次侧共同电阻，很难进行进一步的分析；空载试验法则对试验设备的精度要求很高，需使用高精度的功率分析仪来实现。

2. 变压器绕组的集肤效应

现有检测方案是在单根导线的集肤效应公式的基础上进行的，实际中绕组的集肤效应会受到绕组匝间、绕组与铁芯之间的影响，其电阻与频率的关系要比单根导线复杂很多，目前国内外都没有深入的研究。因此，变压器绕组的集肤效应还需要进一步研究。

3. 集肤电阻法可行性

该方法的关键是测量出变压器绕组不同频率下的电阻。由于变压器绕组结构复杂，其不同频率下的电阻很难测量。项目组提出通过如图 3.54 所示方法测量其绕组电阻。

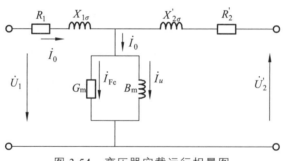

图 3.54　变压器空载运行相量图

由一次侧电压电流可以计算空载损耗：

$$P_0 = \dot{U}_1 \cdot \dot{I}_0 \tag{3.72}$$

空载损耗包括两部分，计算公式如下：

$$P_0 = P_{Fe} + I_0^2 R_1 \tag{3.73}$$

由二次侧电压和一次侧电流可以计算铁芯损耗：

$$P_{Fe} = \dot{U}_2' \cdot \dot{I}_0 = \frac{N_1}{N_2} \dot{U}_2 \cdot \dot{I}_0 \tag{3.74}$$

由式（3.73）可得到一次侧绕组电阻

$$R_1 = \frac{P_0 - P_{Fe}}{I_0^2} \tag{3.75}$$

该方案的关键点是：通过二次侧电压和一次侧电流测量出铁芯损耗，并由空载损耗减去铁芯损耗求出一次侧绕组上的损耗，从而求得绕组一次侧电阻。因此，方案中需要同时测量一次侧电压、一次侧电流得到空载损耗，并同时测量二次侧电压、一次侧电流得到铁芯损耗。该方案可由图 3.55 ~ 3.56 所示的功率分析仪实现。

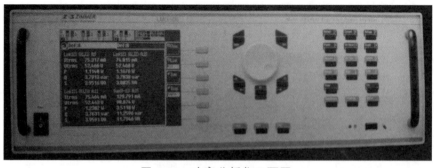

图 3.55　功率分析仪正面图

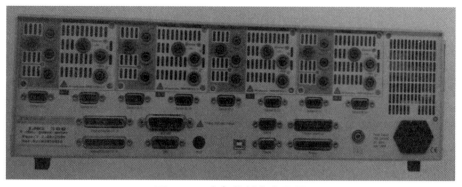

图 3.56 功率分析仪背面图

由于空载损耗和铁芯损耗非常接近，因此该方案对试验的精度要求非常高。以下对试验要求精度进行评估：

以 S11M 系列 100 kVA 配电变压器为例，其空载损耗 200 W，负载损耗 1 500 W，空载电流 1.6%。

一次侧额定电流：

$$I_{1N} = \frac{S_N}{\sqrt{3}U_{1N}} = \frac{100 \times 1\,000}{\sqrt{3} \times 10 \times 1\,000} = 5.773\,7\ \text{A}$$

短路电阻：

$$r_k = \frac{P_k}{3I_k^2} = \frac{1\,500}{3 \times 5.773\,7^2} = 14.999\ \Omega$$

估算时取一次侧电阻为短路电阻的一半，则

$$R_1 = \frac{r_k}{2} = 7.5\ \Omega$$

空载电流为

$$I_0 = 5.773\,7 \times 1.6\% = 0.092\,379\,2\ \text{A}$$

则一次侧绕组上消耗的功率

$$P_{R1} = 0.092\,379\,2^2 \times 7.5 = 0.064\ \text{W}$$

一次侧绕组上消耗功率与空载损耗功率比值：

$$\frac{0.064}{200} = 0.032\%$$

同理得出 S11M 系列其余容量配电变压器的计算如表 3.18 所示。

表 3.18　S11M 系列其余容量配电变压器的计算表

产品容量/kVA	空载损耗/W	负载损耗/W	空载电流/%	一次侧额定电流/A	一次侧直流电阻/Ω	一次侧绕组消耗功率/W	比值/%
30	100	600	2.1	1.732 101 617	33.331 377 78	0.044 1	0.044
50	130	870	2	2.886 836 028	17.398 979 2	0.058	0.045
63	150	1 040	1.9	3.637 413 395	13.100 768 29	0.062 573 333	0.042
80	180	1 250	1.8	4.618 937 644	9.765 052 083	0.067 5	0.038
100	200	1 500	1.6	5.773 672 055	7.499 56	0.064	0.032
125	240	1 800	1.5	7.217 090 069	5.759 662 08	0.067 5	0.028
160	280	2 200	1.4	9.237 875 289	4.296 622 917	0.071 866 667	0.026
200	340	2 600	1.3	11.547 344 11	3.249 809 333	0.073 233 333	0.022
250	400	3 050	1.2	14.434 180 14	2.439 856 853	0.073 2	0.018
315	480	3 650	1.1	18.187 066 97	1.839 146 317	0.073 608 333	0.015
400	570	4 300	1	23.094 688 22	1.343 671 167	0.071 666 667	0.013
500	680	5 150	1	28.868 360 28	1.029 939 573	0.085 833 333	0.013
630	810	6 200	0.9	36.374 133 95	0.781 007 34	0.083 7	0.010
800	980	7 500	0.8	46.189 376 44	0.585 903 125	0.08	0.008
1 000	1 150	10 300	0.7	57.736 720 55	0.514 969 787	0.084 116 667	0.007
1 250	1 360	12 000	0.6	72.170 900 69	0.383 977 472	0.072	0.006
1 600	1 640	14 500	0.6	92.378 752 89	0.283 186 51	0.087	0.005

由表 3.18 可以看出，一次侧绕组消耗功率与空载损耗相比相差很大，最接近的为 0.045%，相差最大的为 0.005%。因此，如果要通过该方案来测量绕组不同频率下的电阻，设备的精度就必须非常高。

目前已知德国 ZES ZIMMER 公司的 LMG500 功率分析仪可达到的精度如表 3.19 所示。

表 3.19　LMG500 装置精度表

±（读数的 %+量程的 %）

测量不确定度（频率）		DC	0.05Hz…45Hz	45Hz…65Hz	65Hz…3kHz	3kHz…15kHz	15kHz…100kHz	100kHz…500kHz	500kHz…1MHz	1MHz…3MHz	3MHz…10MHz
电压	U*	0.02+0.06	0.02+0.03	0.01+0.02	0.02+0.03	0.03+0.06	0.1+0.2	0.5+1.0	0.5+1.0	3+3	f/1MHz×1.2+ f/1MHz×1.2
	Usensor	0.02+0.06	0.015+0.03	0.01+0.02	0.015+0.03	0.03+0.06	0.2+0.4	0.4+0.8	0.4+0.8	f/1MHz×0.7+ f/1MHz×1.5	f/1MHz×0.7+ f/1MHz×1.5
	I*(20mA…5A)	0.02+0.06	0.015+0.03	0.01+0.02	0.015+0.03	0.03+0.06	0.2+0.4	0.5+1.0	0.5+1.0	f/1MHz×1+ f/1MHz×2	—
	I*(10A…32A)					0.1+0.2	0.3+0.6	f/100kHz×0.8+ f/100kHz×1.2		—	—
电流	1 HF					0.03+0.06	0.2+0.4	0.5+1.0	0.5+1.0	f/1MHz×1+ f/1MHz×2	f/1MHz×0.7+ f/1MHz×1.5
	1 sensor					0.03+0.06	0.2+0.4	0.4+0.8	0.4+0.8	f/1MHz×0.7+ f/1MHz×1.5	—
功率	U*/I*(20mA…5A)	0.032+0.06	0.028+0.03	0.015+0.01	0.028+0.03	0.048+0.06	0.24+0.3	0.8+1.0	0.8+1.0	f/1MHz×3.2+ f/1MHz×2.5	f/1MHz×1.5+ f/1MHz×1.4
	U*/I*(10A…32A)					0.104+0.13	0.32+0.4	f/100kHz×1+ f/100kHz×1.1		—	—
	U*/1 HF					0.048+0.06	0.24+0.3	0.8+1.0	0.8+1.0	f/1MHz×3+ f/1MHz×2.3	
	U*/1 sensor					0.048+0.06	0.24+0.3	0.72+0.9	0.72+0.9	f/1MHz×1.4+ f/1MHz×1.8	
	Usensor/I*(20mA…5A)	0.024+0.03	0.024+0.03		0.024+0.03	0.048+0.06	0.32+0.4	0.72+0.9	0.72+0.9		
	Usensor/I*(10A…32A)					0.104+0.13	0.4+0.5	f/100kHz×1+ f/100kHz×1			
	Usensor/1 HF					0.048+0.06	0.32+0.4	0.72+0.9	0.72+0.9	f/1MHz×1.4+ f/1MHz×2	
	Usensor/1 sensor					0.048+0.06	0.32+0.4	0.64+0.8	0.64+0.8	f/1MHz×1.12+ f/1MHz×1.5	f/1MHz×1.12+ f/1MHz×1.5

该设备精度不满足试验要求。该公司最高精度的功率分析仪精度可达到 ±0.03%，可用于较低容量变压器的试验。此外，该装置也较为昂贵。

综上所述，集肤电阻法存在以下难点：

① 精度问题。

② 频率提升后，该方法的有效性需进一步分析验证。

3.6.3 X 射线法

1. 理论依据

通过 X 射线拍照鉴定配电变压器绕组线圈材质的方法的技术方案如下：

① 利用射线探伤机和工业射线胶片对非拆解状态下的被测配电变压器进行拍照，在拍照时射线探伤机采用不同 X 射线管电压照射被测配电变压器有绕组区域,得一组拍照后工业射线胶片。

② 将一组拍照后工业射线胶片分别进行暗室处理（显影、停影、定影、水洗、烘干），得到一组被测配电变压器绕组线圈影像底片。

③ 利用黑白密度计对被测配电变压器绕组线圈影像底片进行黑度测量,并将测量所得的黑度测量值进行射线衰减计算，计算结果绘制成被测配电变压器不同 X 射线管电压射线衰减系数-透照厚度曲线。

④ 将被测配电变压器不同 X 射线管电压射线衰减系数-透照厚度曲线与铜、钢、铝的不同 X 射线管电压射线衰减系数-透照厚度曲线进行比对，鉴别被测配电变压器绕组线圈的材质。

⑤ 将测量所得的黑度测量值输入计算模块,将测量所得的黑度测量值进行射线衰减计算，得出不同 X 射线管电压射线衰减系数-透照厚度值。

曲线生成模块是利用计算模块所得的一组 X 射线管电压射线衰减系数-透照厚度值生成不同 X 射线管电压射线衰减系数-透照厚度曲线。

在步骤①中，射线探伤机采用不同 X 射线管电压照射被测配电变压器有绕组区域的同一位置。射线探伤机采用不同 X 射线管电压照射被测配电变压器的有绕组区域为绕组的边沿区域。所用的射线探伤机为 350 kV X 射线探伤机。

在步骤④中，铜、钢、铝的不同 X 射线管电压射线衰减系数-透照厚度曲线有多组，且存储在 X 射线衰减系数-透照厚度曲线数据库。

铜、钢、铝的不同 X 射线管电压射线衰减系数-透照厚度曲线通过以下过程实现：

用不同 X 射线管电压、等曝光量分别透照等差为 2 mm 的铜、钢、铝的阶梯试块，并将工业射线胶片暗室处理（显影、停影、定影、水洗、烘干）为影像底片，影像底片经黑白密度计进行黑度测量，测量计算分别获得铜、钢、铝的多组管电压的 X 射线衰减系数-透照厚度值，并将测量值曲线化，形成铜、钢、铝的多组管电压 X 射线衰减系数-透照厚度曲线数据。

X 射线检测方法与现有技术比较，该方法根据铜、钢、铝对 X 射线的衰减系数的区别，利用 X 射线对非拆解状态下的配电变压器进行拍照，使用黑白密度计对拍照的射线底片黑度测量，将测量的黑度值输入计算机，得 X 射线衰减系数-透照厚度曲线，通过将该曲线与储存在计算机中的不同 X 射线管电压铜、钢、铝 X 射线衰减系数-透照厚度曲线进行比对，判别出配电变压器的绕组线圈为铝、铜，具有省时、省力、不破坏设备、不影响设备正常工作等优点。如图 3.57 所示，该检测手段不需对变压器进行解体，只要在保证人身安全的情况下就可进行变压器检测作业，变压器检验不需要停电，检验不影响变压器供电。同时该检测手段能快速检验变压器绕组线圈材质，对违反合同和设计的以铝代铜的变压器能及时索赔和更换，降低了配网变压器损耗。

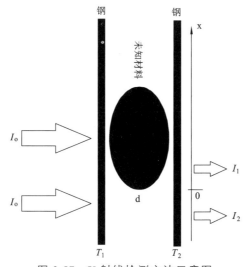

图 3.57　X 射线检测方法示意图

2. X 射线的可行性

项目研究初期提出了 X 射线法，方法基于大功率 X 射线成像分析。

X 射线法利用重庆大学 ICT 实验中心分别对铜、铝变压器各一台进行了实验。实验设备采用 9 MeV 的 CD-600 工业 CT 系统，射线源为电子直线加速器。实验得到 X 射线透射图如图 3.58、图 3.59 所示。

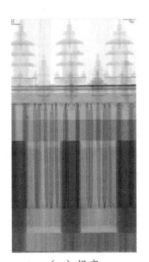 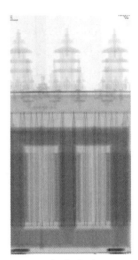

（a）铝变 （b）铜变

图 3.58 ICT 图像 1

（a）铝变 （b）铜变

图 3.59 ICT 图像 2

　　由实验结果可以看出，该方法受图像灰度影响很大，分析难度较大，且设备昂贵，操作复杂，可行性较差；另外，该方法同样存在无法提供判定依据的问题，对不同型号、不同容量、不同批次的配电变压器，只能获得相对值，而无法判断其究竟使用了什么样的绕组材质。综合上述，X 射线不可行。

3.7 热电效应法及反推演算法的提出

通过上述的研究，各种方法均存在不同程度的难点。

容量体积比法准确性较差，有一定的偶然性，需要大量的变压器体积数据来进行验证和修正，但不同厂家设计差异大，标准参考值和最大允许偏差值无法确定，不可行。

电气特性法是基于变压器的空载损耗、负载损耗、空载电流、短路阻抗、直流电阻等电气参数以及体积、重量等参数计算分析得出变压器绕组材质的一种方法，但是对于正规设计的铝变（代铜）是无法检出的，不可行。

变压器绕组直流电阻温度系数对试验的精度和温度的控制要求较高，占用时间长、占用场地大，仅实验室可行，现场难以开展。

声速法除了需要知道声波传播的时间差以外，还需要知道绕组的长度，目前还没有可行的方法。

集肤电阻法是在单根导线的集肤效应公式的基础上进行的，实际中绕组的集肤效应会受到绕组匝间、绕组与铁芯之间的影响，其电阻与频率的关系比单根导线复杂很多，目前国内外都没有深入的研究，而且该装置价格昂贵，不具备推广性。

X 射线法分析难度较大，且设备昂贵，操作复杂，可行性较差；另外，该方法同样存在无法提供判定依据的问题，对不同型号、不同容量、不同批次的配电变压器，只能获得相对值，无法判断其究竟使用了什么样的绕组材质，不可行。

因此，需要一种准确性高、操作方便、价格低廉、具有实际推广前景的方法，基于此，项目创新性地提出热电效应法及反推演算计算法。

热电效应法评估技术

4.1 概　述

　　本项目研究分析了变压器绕组回路的热电效应过程，测量了不同金属材质的塞贝克系数，确定了变压器绕组回路热电势值与绕组材质的关系，并通过了仿真和试验的验证。热电效应法鉴别准确性较高，试验操作简单，时间周期短，具有较高的工程应用价值。

4.2 热电效应法理论研究

4.2.1　热电效应物理原理

　　塞贝克（Seebeck）效应，又称作第一热电效应，它是指由于两种不同电导体或半导体的温度差异而引起两种物质间的电压差的热电现象。如图 4.1 所示，对于由两种不同导体串联组成的回路，不考虑塞贝克系数随温度变化的塞贝克效应热电势计算公式为：

$$U = (S_a - S_b)(T_1 - T_2) \tag{4.1}$$

式中，S_a 为导体 a 的塞贝克系数；S_b 为导体 b 的塞贝克系数；T_1 为接点 1 的温度；T_2 为接点 2 的温度。

　　热电效应的微观物理本质可以用温度梯度作用下导体内载流子分布变化进行解释。当导体内存在温度梯度时，处于热端的载流子具有较大的动能，向冷端扩散使得冷端的载流子数目多于热端。这种电荷的堆积将使导体内形成一个自建电场，当达到电平衡时，导体两端形成的电势差

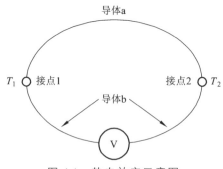

图 4.1　热电效应示意图

就是热电势。当将两种导体按图 4.1 所示的方式连接在一起时，从电压表测得的电压就是该系统中两种导体热电势的叠加，即相对热电势。

固体能带理论在弛豫时间近似的前提下，通过求解玻耳兹曼方程可得塞贝克系数的数学表达式：

$$S = \mp \frac{\pi^2}{3} \frac{k_B}{e} \frac{(s+1.5)}{\xi} \tag{4.2}$$

式中，k_B 为玻耳兹曼常数；e 为电子电荷；s 为散射因子；ξ 为简约费米能级。

已知 0 ℃ 时铜和铝的费米能量分别为 7.00 eV 和 11.7 eV，代入式（4.2）中计算可得 0 ℃ 时铜和铝的塞贝克系数理论值分别为 1.908 9 μV/K 和 − 2.142 1 μV/K，则铜铝之间的相对塞贝克系数为 4.051 0 μV/K。理论计算得到的均为纯金属的塞贝克系数。

当金属中掺杂杂质后，会产生离化杂质散射和合金散射等现象，从而增大散射因子 s，改变材料的塞贝克系数。由于金属中的杂质对其塞贝克系数的影响较大，工程实际中材料的塞贝克系数通常由实验测量确定。实验测量时需要精确测量两个接点处的温度和产生的热电势，再通过式（4.1）即可计算得到两种导体间的相对塞贝克系数。

本书采用变压器绕组常用的漆包铜线和漆包铝线样品进行实验测量，测得室温下漆包铜线和漆包铝线的相对塞贝克系数为 4.157 6 μV/K。

从理论计算和实验测量的结果可以看出，铜和铝之间的相对塞贝克系数约为 4 μV/K，铜-铝接头处会发生较明显的热电效应。相同金属材质间的相对塞贝克系数远小于异种金属，铜-铜接头处理论上不会发生明显的热电效应。

4.2.2 变压器绕组回路热电效应

油浸式配电变压器通常为全密封式结构，测量装置难以直接测量到绕组。对于低压绕组（Y 接线）而言，变压器绕组回路结构如图 4.2 所示。变压器绕组进线端和出线端分别经过铜排引至相应变压器接头处的导电杆下端，由导电杆引出到变压器外部。该回路中存在 6 处不同导体连接接头，在图中分别标注为接头①～⑥，每个接点处的热电势记为 U_1，U_2，…，U_6。

对变压器进行热电效应实验时在图示接点①处加热，测量接点①和接点⑥之间的热电势和温度。

根据热电效应原理，热电势主要在不同导体连接处产生，因此，变压器绕组回路的热电势为图示的 6 个接点处热电势之和，即：

$$U = U_3 + U_4 \tag{4.3}$$

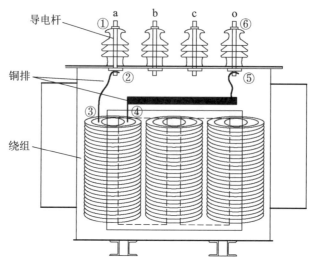

图 4.2　变压器低压侧 A 相绕组回路示意图

将式（4.1）代入上式，可得：

$$U = (S_{Cu} - S_{绕组})(T_3 - T_4) \tag{4.4}$$

当变压器绕组材质为铜材时，$S_{Cu} = S_{绕组}$，代入上式可得：

$$U_{Cu} = 0 \tag{4.5}$$

当变压器绕组材质为铝材时，则有：

$$U_{Al} = S_{Cu-Al}(T_3 - T_4) \tag{4.6}$$

由式（4.5）和式（4.6）可知，当接点③和接点④之间的温差足够大时，通过测量变压器绕组回路热电势的有无即可鉴别变压器绕组的材质。

对于高压绕组（△接线）而言，变压器绕组回路结构如图 4.3 所示。该回路中存在 13 处不同导体连接接头，在图中分别标注为接头①～⑬，每个接点处的热电势记为 U_1，U_2，…，U_{13}。当对变压器导电杆端头①处加热，测量接点①和接点⑬之间的热电势和温度。根据热电效应原理，热电势主要在不同导体连接处产生，因此变压器绕组回路的热电势为：

$$U = (U_4 + U_5 + U_7 + U_8)//(U_{10} + U_{11}) \tag{4.7}$$

显然，高压绕组接线复杂，不同材质的接点很多，在测试回路中涉及铜铝材质的多次交替，应用热电效应法存在困难。

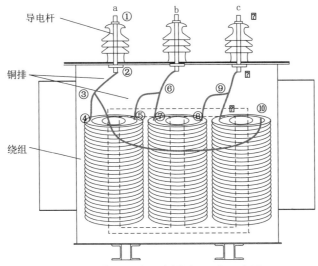

图 4.3 变压器高压侧绕组回路示意图

4.3 热电效应法方案设计及装置研制

4.3.1 变压器绕组回路加热方案设计

在热电效应法中，变压器绕组回路产生热电效应的必要条件是绕组两端有温度差异。在前述理论分析中也发现，绕组两端的温差越大，热电效应法的判断准确性也就越高。因此，变压器绕组回路温度差异的建立是本方法的一个关键。

变压器绕组回路温度差异的建立采用在变压器一相接头处进行加热，通过绕组回路接触式传热自行建立温度差异的加热方案。

实验室自制了 PTC 加热模块，可以安装在配电变压器接头处对变压器绕组回路进行加热。PTC 加热模块主要由热源元件 PTC 加热片和主体部分组成，如图 4.4 所示。

本方案热源元件采用的是 PTC 陶瓷恒温加热片，型号选择 220 V/260 ℃/300 W，规格为 56 mm×56 mm×7 mm。选择 PTC 陶瓷恒温加热片的主要优点是非电磁式加热原理，不会对热电势测量造成干扰；表面绝缘，可以与金属直接接触，固体传热，传热效率高；加热功率高且自动恒温无须温控，不易因过热产生危险。

加热模块主体形状为长方体，长宽高分别为 90 mm×80 mm×75 mm，如图 4.5 所示。长方体中间留有带螺纹圆孔，螺纹及尺寸与变压器接头匹配，对应有 ϕ12 mm、ϕ20 mm 等型号。圆孔四周分别布置 4 个 PTC 加热片预置槽，可根据需要选择放置 PTC 加热片。主体部分材质采用导热性能优良的紫铜（铜号 Cu T3）。

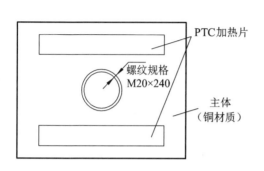

图 4.4　加热模块示意图

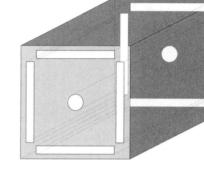

图 4.5　加热模块形状图

　　PTC 加热模块采用工频 220 V 交流电源，最大功率可达 1 200 W，使用时 PTC 加热片表面温度最高为 255 ℃，加热模块主体温度 200～250 ℃。加热模块俯视图和侧面图如图 4.6 和图 4.7 所示，加热模块示意图如图 4.8 所示。

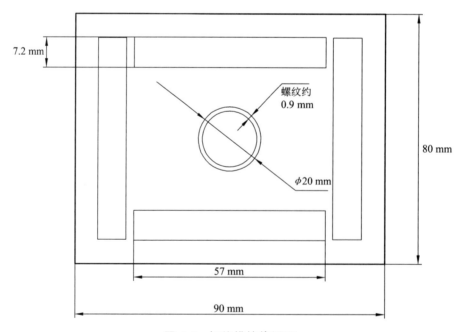

图 4.6　加热模块俯视图

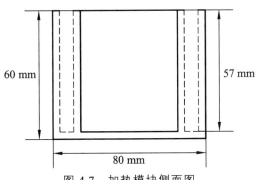

图 4.7 加热模块侧面图

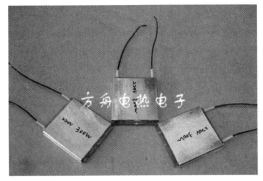

图 4.8 PTC 示意图

经过实测，使用 PTC 加热模块对变压器接头加热一小时后，变压器接头处温度可达 150~220 ℃，内部绕组端部温度可达 60~100 ℃，绕组两端温差在 60 ℃ 以上，满足热电效应法建立变压器绕组两端温度差异的要求。

4.3.2 热电效应法检测平台

基于热电效应的变压器绕组材质鉴别方法的检测平台主要包括变压器加热部分、温度测量部分和热电势测量部分。检测平台具体接线图如图 4.9 所示。

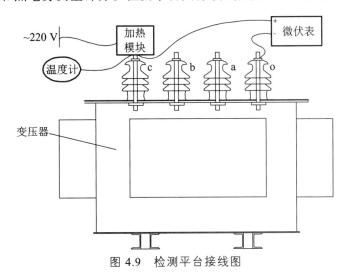

图 4.9 检测平台接线图

变压器加热部分在上节中已进行了详细介绍，由安装在变压器接头处的 PTC 加热模块对变压器接头进行加热，再通过接触式传热使整个变压器绕组回路建立温度差异。

　　温度测量部分由安置在变压器接头处的温度传感器组成，测量变压器绕组回路两端接头处的温度值，如图 4.10 所示。对于有预置绕组温度传感器的特殊配电变压器，可将其温度信号接入本检测系统。温度传感器采用热电偶式（见图 4.11）、电阻式、光纤式（见图 4.12）均可，测量误差要求不高于 ±0.5 ℃。当使用热电偶式温度传感器需确保传感器与被测点绝缘。

图 4.10　测温示意图

图 4.11　热电偶接触式测温

图 4.12　红外测温仪

　　热电势测量部分由引线和高精度直流电压表组成，如图 4.13 所示。引线必须采用铜材质引线，且长度不得低于 1 m。高精度直流电压表的测量误差要求不高于 0.5 μV。

图 4.13　热电势测量装置

实验概况如图 4.14 所示。

图 4.14　实验概况

端对端中频振荡电容器放电试验主要考核干式空心平波电抗器的匝间绝缘，按照 GB/T 25092—2010 的第 13.9 条规定进行，通过脉冲电容器充放电多次在平波电抗器上形成振荡频率数量级为 300～900 Hz、持续时间不小于 10 ms 的中频振荡电压，比对低电压下波形与全电压下波形的一致性。

4.4 热电效应法仿真分析

本节对热电效应法所采用的在变压器一相接头处进行加热，通过绕组回路接触式传热自行建立温度差异的加热方案的可行性进行了仿真分析。

仿真分析的目的是确定铜材质引线在油浸式环境中能否有效地传导热量，并建立一定的温度差异分布。

基于 ANSYS 软件建立油中铜传热系统模型。将长 1.1 m、半径 1 cm 的铜材质圆柱体置于长 1 m、宽 0.4 m、高 0.2 m 的变压器油中，圆柱体露出的 10 cm 长度段为热源，设置该段温度为 100 ℃，其他段初始温度为 22 ℃，加热时间为 1 h。仿真所需材料物理参数如表 4.1 所示。

表 4.1　材料物理参数

物理属性	变压器油	绕组纸包扁铜
密度/（kg·m^{-3}）	1 098.72	8 978
导热系数/（W·m^{-1}·K^{-1}）	0.150 9	387.6
比热容/（J·kg^{-1}·K^{-1}）	807.163	381

仿真结果（见图 4.15）显示，铜导体在油中加热一个小时后，0.5 m 长度处的温度约为 65 ℃，1 m 长度处的温度约为 50 ℃，而油温为 22 ℃ 不变，邻近的一根未加热铜条的温度也为 22 ℃ 不变。

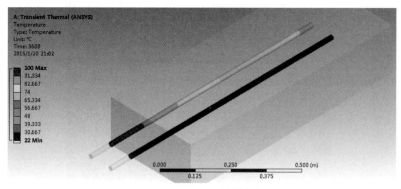

图 4.15　仿真结果图

通过仿真分析可知，铜材作为一种优良的导热材料，在加热时间足够的情况下，能有效地将热源温度传导到油中一定长度。对于 10 kV 配电变压器，绕组引线部分一般不超过 1 m，因此，通过在接头处加热的接触式传热就可以在绕组两端建立足够的温度差异。

端对端雷电冲击全波及截波试验按照 GB/T 25092—2010 的第 13.6 和 13.8 条规定进行，试验时可不装配平波电抗器上下两端和线圈两端等电位的声罩或防雨帽，但应装配单线圈侧面的筒型声罩（如果有）以及对线圈电压分布有影响的均压环。

4.5　热电效应法试验验证

4.5.1　单绕组试验

由于配电变压器通常为全密封式结构，无法直接测量绕组两端接点的准确温度。因此，本节先对可以直接测量绕组两端温度的单绕组开展热电效应法试验，验证方法的可行性。

试验所用铜、铝单绕组为实际配电变压器解体拆卸而来。试验时单绕组直接暴露在空气中，两端温度由温度传感器直接测量。由于是单绕组，去除了变压器的内部引线，绕组两端直接与导电杆下端相连。加热方式和电压测量方式与变压器检测方法相同。试验接线图如图 4.16～4.18 所示，测得的试验结果如表 4.2 所示。

表 4.2　绕组试验数据

绕组	$T_1/°C$	$T_2/°C$	热电势/μV
铜绕组	141.0	24.5	92.5
铝绕组	126.0	25.6	411.2

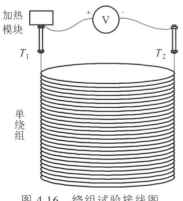

图 4.16　绕组试验接线图

图 4.17 铜绕组

图 4.18 铝绕组

试验结果显示，铜绕组在两端温差为 116.5 ℃ 的情况下，热电势为 92.5 μV；铝绕组在两端温差为 100.4 ℃ 的情况下，热电势为 411.2 μV。

绕组试验测得的温差较大，主要是因为没有变压器内部引线部分散热的影响。绕组两端温差增大，根据热电效应原理，热电势自然也会相应增大。而实际配电变压器在本方法的加热方案中绕组两端温差难以达到 100 ℃ 以上，故此处不以配电变压器的判断阈值 50 μV 进行判断。

按照实验结果计算平均塞贝克系数，铜绕组为 0.79 μV/K，铝绕组为 4.09 μV/K，与理论值非常接近，且铜铝差异明显，可以有效区分绕组材质。

4.5.2 配电变压器试验

按照基于热电效应的变压器绕组材质鉴别方法流程，本节对 6 台配电变压器进行了试验验证，其中 2 台为铝材质绕组变压器，4 台为铜材质绕组变压器。试验平台的试验设备如表 4.3 所示，测得的试验结果如表 4.4 所示。

表 4.3 试验设备

设备名称	型号	参数
PTC 加热模块	自制	220 V、1 200 W
高精度数字万用表	Fluke8846A	精度 6.5 位
温度计	TASI-8620	精度 ±0.1°C

表 4.4 配电变压器试验数据

变压器	型号	加热接头处温度/°C	热电势/μV	鉴别结果
#1 铝材变压器	S11-M-50/10	193.8	194.1	铝材
#2 铝材变压器	S11-M-50/10	185.2	220.8	铝材
#1 铜材变压器	S11-M-50/10	182.6	36.6	铜材
#2 铜材变压器	S13-M.R（F）-100/10GZ	182.3	23.9	铜材
#3 铜材变压器	S13-M（F）-100/10GZ	167.9	3.2	铜材
#4 铜材变压器	SBH15-M-400/10	168.7	23.1	铜材

试验结果表明，该方法测得的铜材变压器热电势最高为 36.6 μV，低于判断阈值 80 μV；铝材变压器热电势最低为 194.1 μV，高于判断阈值 80 μV。热电效应法判断结果正确，理论分析和试验验证结果规律相符，可以准确有效地区分铜材和铝材配电变压器。

1. 重庆大学实验室试验验证

项目研究工作于 2015 年 3 月至 5 月在重庆大学输配电装备及系统安全与新技术国家重点实验室对定制的两台配电变压器（见图 4.19～图 4.20）进行了前期试验验证及方案分析。试验结果见上节。试验示意图见图 4.21～图 4.22，试验现场如图 4.23～图 4.24 所示。

图 4.19　铜变铭牌

图 4.20　铝变铭牌

图 4.21 试验示意图（1）

图 4.22 试验示意图（2）

图 4.23 现场工作照

图 4.24　试验现场图

2. 重庆电科院试验验证

项目研究工作于2015年6月至8月在国网重庆市电力公司电力科学研究院对重庆电科院的四台配电变压器（上一节中#2、#3、#4 铜变和#2 铝变，分别见图 4.25、图 4.29、图 4.31 和图 4.33）进行了试验验证。试验结果见上节。试验示意图如图 4.26 ～图 4.30、图 4.32 和图 4.34 ～图 4.35 所示。

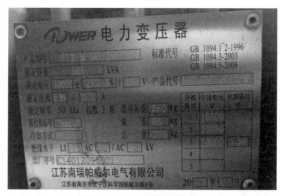

图 4.25　#2 铜变铭牌

图 4.26　#2 铜变试验（1）

图 4.27 #2 铜变试验（2）

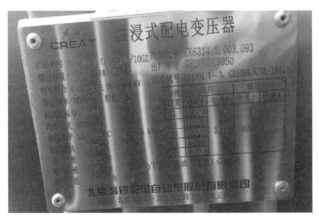

图 4.28 #3 铜变铭牌

图 4.29 #3 铜变试验（1）

图 4.30　#3 铜变试验（2）

图 4.31　#4 铜变铭牌

图 4.32　#4 铜变试验

图 4.33　电科院铝变

图 4.34　铝变铜-铝接头示意图

图 4.35　铝变铜-铝接头示意图

3. 惠水供电局试验验证

试验时间：2015 年 9 月 24 日至 25 日。

试验地点：贵州省惠水县大坝寨供电局物资仓库。

合作单位：贵州电网惠水供电局。

试验方法：基于热电效应的变压器绕组材质鉴别方法。

主要内容：基于热电效应的变压器绕组材质鉴别方法的检测平台主要包括变压器加热部分、温度测量部分和热电势测量部分。检测平台接线如图 4.36 所示。该方法利用加热模块加热使变压器绕组升温，通过测量绕组两端在有一定温差时的热电势值来判断变压器绕组材质。

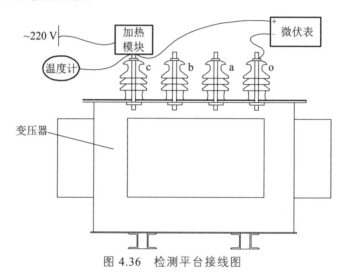

图 4.36　检测平台接线图

鉴别方法的试验操作流程具体包括以下三个步骤：

① 将 PTC 加热模块和加热模块安装在变压器一相接头上，高精度直流电压表测量该相接头与 o 相接头之间的直流电压值，加热前调零使得初始直流电压值为 0 μV 左右。

② PTC 加热模块连通 220 V 交流电对变压器接头进行加热，使变压器升温，在绕组两端产生一定温差，加热时间为 1 h 左右。

③ 加热至热电势值稳定后，记录此时的热电势值和变压器绕组两端的温度值。

本次试验的检测样品为惠水供电局物资仓库里的 6 台废旧配电变压器和 2 台新配电变压器。其中废旧变压器均为曾经在电网中实际运行，因故障或老化等原因卸下不再使用的废旧配电变压器。配电变压器检测样品的详细信息如表 4.5 所示。

表 4.5　配电变压器详细信息

序号	型号	厂家	生产日期	备注
#1	S11-M-50/10	宁波奥克斯高科技有限公司	2010 年 12 月	外观较新
#2	S11-M-50/10	宁波奥克斯高科技有限公司	2010 年 12 月	外观较新
#3	S11-M.R-50/10	珠海南方华力通特种变压器有限公司	2009 年 3 月	
#4	S11-M-400/10	贵州永安电机有限公司	2011 年 11 月	有烧毁痕迹
#5	S9-50/10	遵义节能变压器厂	2004 年 2 月	
#6	S9-30/10	贵阳东方变压器厂	2000 年 1 月	A 相缺相，少油
#7	S13-M-RL-200/10	广州华成电器股份有限公司	2014 年 9 月	全新未使用
#8	S13-M-RL-315/10	广州华成电器股份有限公司	2014 年 8 月	全新未使用

对样品配电变压器逐一进行热电效应法试验，测得的试验结果如表 4.6 所示。

表 4.6　热电效应法试验数据

序号	加热端温度/°C	未加热端温度/°C	调零电压/μV	热电势/μV	判断结果	分析
#1	111.2	26.3	17.4	168.6	铝变	变压器结构完整，热电势过高
#2	131.0	35.8	30.1	162.3	铝变	变压器结构完整，热电势过高
#3	121.1	26.6	8.4	159.2	铝变	变压器结构完整，热电势过高
#4	114.7	26.3	9.2	349.4	铝变	有烧毁痕迹，热电势值与置于空气中的铝绕组热电势值相似
#5	101.2	26.1	21.4	189.7	疑似铝变	2004 年生产，外观老旧，非全密封式带油枕变压器，较高的热电势可能是因为绕组老化腐蚀产生
#6	131.2	23.1	15.7	129.1	疑似铜变	2000 年生产，外观破损较严重，A 相缺失，少油，绕组几乎暴露在空气中，因而绕组端加热温度较高，热电势值与置于空气中的铜绕组热电势值相似
#7	145.5	20.3	3.5	22.9	铜变	与铜变理论值相符
#8	131.2	21.7	2.9	38.9	铜变	与铜变理论值相符

#1 ～ #6 废旧变压器初始调零电压均较高，热电势值也较高，说明变压器的老化、损坏会影响到绕组的热电势。

试验现场概况、试验现场及试验结果见图 4.37～图 4.53。

图 4.37　试验现场概况

图 4.38　#1 变压器试验现场图

图 4.39　#2 变压器试验现场图

图 4.40 #3 变压器电压调零

图 4.41 #3 变压器试验结果

图 4.42 #4 变压器电压调零

图 4.43 #4 变压器烧毁痕迹

图 4.44 #4 变压器试验结果

图 4.45 #5 变压器电压调零

图 4.46 #5 变压器试验结果

图 4.47 #6 变压器电压调零

图 4.48 #6 变压器 A 相绕组缺相

图 4.49　#6 变压器试验结果

图 4.50　#7 变压器电压调零

图 4.51　#7 变压器试验结果

图 4.52　#8 变压器电压调零

图 4.53　#8 变压器试验结果

4. 重庆吉能变压器厂试验验证

项目研究工作于 2015 年 10 月在重庆吉能电气集团有限公司对变压器厂家的四台配电变压器（2 台铝变、2 台铜变）进行了试验验证，试验结果（见表 4.7）符合方案预期结果。

表 4.7　试验结果

序号	型号	加热接头处温度/°C	热电势/μV	判断结果
#1	315 kVA	193.8	120.1	铝变
#2	400 kVA	185.2	220.8	铝变
#3	S13-M-100/10	159.7	23.2	铜变
#4	S13-M-400/10	167.9	31.8	铜变

试验示意图见图 4.54 ~ 图 4.65。

图 4.54　变压器厂家

图 4.55　#1 铝变试验（1）

图 4.56　#1 铝变试验（2）

图 4.57 #2 铝变试验（1）

图 4.58 #2 铝变试验（2）

图 4.59 #2 铝变试验（3）

图 4.60　现场工作照（1）

图 4.61　现场工作照（2）

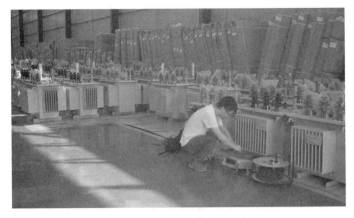

图 4.62　现场工作照（3）

图 4.63 铜变铭牌

图 4.64 #1 铜变试验

图 4.65 #2 铜变试验

4.6 热电效应法鉴别判据及流程

4.6.1 热电效应法鉴别判据

在理想情况下，通过变压器绕组回路在一定温差情况下热电势的有无即可判断绕组材质。但是在工程实际中，由于不同铜材的纯度不完全相同，所含杂质成分不同，也会产生一定的热电势。因此，热电效应法判据是基于铜材质绕组变压器热电势的阈值 U_m 的。

热电势阈值 U_m 应满足以下条件：低于铝材质绕组两端的热电势值的同时高于铜材质绕组变压器的热电势值。

对单根变压器导电杆与普通铜导线、漆包铜线间的热电效应进行了试验测量。测得的试验结果如表 4.8 所示。测试现场如图 4.66、4.67 所示。

表 4.8 相对塞贝克系数表

材质	相对塞贝克系数/（μV/K）
导电杆-普通铜线	0.356 7
导电杆-漆包铜线	0.466 9
普通铜线-漆包铜线	0.164 7

图 4.66　导电杆测试试验（1）

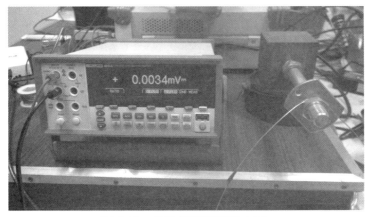

图 4.67　导电杆测试试验（2）

　　试验测得不同铜材间有较小的相对塞贝克系数，导电杆与铜线一般不超过 0.5 μV/K，不同铜线间一般不超过 0.2 μV/K。

　　在实际的变压器绕组回路中，当在外部端头施加 150 ℃ 时，导电杆两端温差取 70 ℃ 计算，则导电杆处的热电势一般不超过 35 μV。绕组两端温差取 60 ℃ 计算，绕组处的热电势一般不超过 15 μV。因此，变压器绕组材质为铜材时热电势应不高于 50 μV，即铜材质变压器热电势值应在 0 ~ 50 μV 内；当变压器绕组材质为铝材时，取铜铝相对塞贝克系数 4 μV/K，绕组两端温差 60 ℃ 时，铝材质绕组变压器热电势理论可在 240 μV 左右。考虑到实际配变导电杆长短粗细、油的散热、配变结构、加热效率等的影响，取 0.5 倍散热裕度系数，即铝材质热电势值应在 120 μV 以上，铜铝材质热电势值差异明显。

　　从试验室及现场实际测试可以看出，铜材质变压器热电势实测值一般不超过 50 μV，铝材质变压器的热电势实测值均大于 120 μV。

综合以上分析，在热电效应法中，变压器绕组材质鉴别的判据为：当在配变外部端头施加 150 ℃（绕组两端温差不低于 60 ℃）时：热电势值低于 50 μV 为铜材质配变，热电势值高于 120 μV 为铝材质配变；热电势值在 50～120 μV 为存疑区间。

4.6.2　热电效应法鉴别流程

在理论分析和确定判据的基础上，本节提出了变压器绕组材质的热电效应鉴别方法。鉴别方法流程图如图 4.68 所示，具体鉴别流程包括以下三个步骤：

（1）将 PTC 加热模块通过螺纹套接在变压器 a（b、c）相接头上，两个温度传感器置于变压器 a（b、c）相接头和 o 相接头处，高精度直流电压表通过铜材质引线正极连接变压器 a（b、c）相接头，负极连接 o 相接头，加热前调零使得初始直流电压值低于 3 μV。

（2）PTC 加热模块通 220 V 交流电升温，通过接触式传热对变压器接头进行加热，并使得变压器 a（b、c）相绕组回路产生温度差异分布，稳定后变压器 a（b、c）接头处的温度应在 150～200 ℃，记录此时 a（b、c）相和 o 相接头之间的直流电压值。

（3）当变压器 a（b、c）接头处的温度达到 150～200 ℃时，测量 a（b、c）相和 o 相接头之间的直流电压值，依据实测值进行判断。

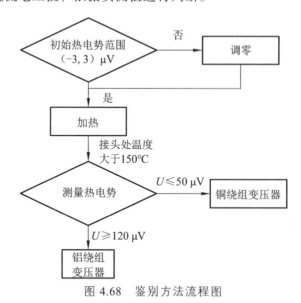

图 4.68　鉴别方法流程图

反推演算评估技术

5.1 概　述

　　本章从配电变压器设计的角度出发，利用反推演算的思路，通过计算配变理论结果与实测参数之间的比对，为配变绕组材质是否造假的辨别提供依据。同时，详细介绍了一种基于反推演算的配电变压器绕组材质判别的新方法，该方法结合配变外形、损耗、电阻等基本实测参数和计算结果，进行绕组材质的判定；研究了反推演算的实施方法和流程，利用 Office 软件自带的工作簿实现配电变压器绕组材质的推演。针对配变参数获取可能存在的困难，还提出了基于遗传算法的配电变压器绕组材质鉴别的反推演算方法，研究了遗传算法的实现和软件开发，以用于配电变压器绕组材质鉴别。

　　经过配变到货抽检、厂商抽检、在运配变故障分析、故障配变修复、配变材质鉴别等循序渐进式的工作，将基于反推演算的配变材质鉴别技术从理论变为可能、从粗糙逐渐演化完善，在大量的实际验证计算中不断修正完善，并在实际的铜变、铝变上取得验证。

5.2 反推演算法研究

　　根据第 3 章的分析，因铜铝性能存在差异，如铜的电阻率（75 ℃）为 $2.135 \times 10^{-6} \, \Omega/cm$，铝的电阻率（75 ℃）为 $3.44 \times 10^{-6} \, \Omega/cm$；铜的密度是 $8.96 \, g/cm^3$，铝的密度是 $2.70 \, g/cm^3$，因此，采用铜和铝导线的配变在外观和性能上也应该存在差异。

　　例如，一般配变厂商会根据市场适时更改铁芯及绕组数据，当采用铝材绕组时，为保证配变容量满足要求，需要增加铁芯硅钢片，但是硅钢片的增加必然引起空载损耗的增大。为保证容量及损耗满足要求，需要减小铁芯截面，增加线圈匝数；为保证直流电阻满足要求，还需要增大铝导线截面积，由于铝密度小，配变将变"大"、变"轻"。因此，假设配变绕组以相同的铝导线替换铜导线，那么配变的容量会降低，空载损耗和负载损耗变大；假设容量、线圈电阻、损耗都满足要求，配变绕组以铝代铜后体积增加，重量减小。

因此，可以从配变的设计角度出发，通过获取配变的基本材料参数，如铁芯规格及尺寸、绕组规格及尺寸，根据配变的设计原则和经验公式，推演出既定条件下的配变参数，将得到的配变数据与铭牌数据或实测数据进行对比，假设两者有较大差异，则可认为该配变的绕组材质为铝。

5.2.1 配变绕组材质推演所需参数

（1）变压器的分类（铭牌上能显示出）：

① 油浸式变压器（油变）。

② 干式变压器（干变），其中干变又分：环氧浇注式和敞开式。

（2）铁芯的材质：硅钢片和非晶合金（铭牌上能显示出）。

（3）铁芯的结构：叠片式或卷铁芯。

（4）硅钢片的铁芯截面：

铁芯截面种类包括圆形、椭圆形、腰圆形（其中按铁轭和柱的截面是否相同分为相同形和 D 形铁轭）。

（5）铁芯的窗高和 M_0（柱与柱的中心距）。

（6）线圈高压和低压所用材料是否铜箔或铜线。

（7）低压线圈的匝数。

（8）高、低压线圈的线规尺寸及并绕根数。

（9）供电公司提供的变压器所属标准。如国标、南网标、广东省标、云南省标、江苏省标、国网标准等。

由此可见，在进行配电变压器反推演算前，需要根据配变的铭牌获取一些典型参数，如变压器类型、铁芯材质、电压等级、损耗等。另外需要变压器厂家提供一些设计方面的参数，如铁芯截面、铁芯窗高和中心距、高低压绕组的线规等。

5.2.2 反推演算法的流程

下面以三相三柱、双绕组、层式线圈、油浸式配变为例介绍反推演算法的流程。

1. 获取配变材料参数

（1）配变厂商提供。对于新购或已投运配变，可要求生产者提供配变主要结构参数，包括铁芯规格及尺寸、线圈匝数及层数、导线规格等。

（2）实际测量。部分参数如配变油箱尺寸、散热片配置等外部参数可通过实际测量获取。

2. 绕组尺寸计算

如图 5.1 所示，根据获取到的导线规格、线圈匝数及层数，可计算出配变绕组尺寸：

（1）绕组高度：

$$H_1 = b \times n \times (n_1 + 1) + b + \delta$$

式中，H_1 为绕组高度（mm）；b 为带绝缘的导线直径或宽度（mm）；n_1 为每层匝数；δ 为轴向绕制裕度（mm），一般取绕组高度的 $0 \sim 0.5\%$。

（2）绕组厚度：

$$B_x = a \times n' \times n_1' + \delta_1 + \delta_2$$

式中，B_x 为绕组辐向厚度（mm）；a 为带绝缘的导线直径或厚度（mm）；n' 为线圈层数；δ_1 为层间绝缘总厚（mm），包括层间绝缘纸及油道；δ_2 为辐向绕制裕度（mm），一般取绕组厚度的 $7\% \sim 10\%$。

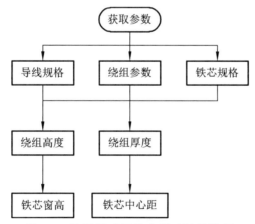

图 5.1　绕组尺寸及铁芯尺寸计算流程

3. 校核铁芯尺寸

如图 5.1 所示，根据获取到的铁芯数据及绕组尺寸数据，可计算或校核铁芯尺寸。
（1）铁芯中心距：

$$M_0 = (R_1 + \delta_3 + B_{xD} + \delta_4 + B_{xG}) \times 2 + E$$

式中，M_0 为两铁芯中心距（mm）；R_1 为铁芯半径（mm）；δ_3 低压线圈对铁芯的距离（mm），一般取 4~7 mm；B_{xD} 为低压线圈幅向厚度（mm）；δ_4 为高低压线圈间距离（mm），一般取 6~10 mm；B_{xG} 为高压线圈幅向厚度总厚（mm）；E 为相间距离（mm），一般取 5~12 mm。

（2）铁芯窗高：

$$H_0 = H_1 + 2H_2$$

式中，H_0 为窗高（mm）；H_1 为绕组总高（mm）；H_2 为绕组至铁轭的距离（mm），一般取 12~20 mm。

（3）经验判据：如果计算得到的铁芯中心距和窗高与生产者提供的数据差异超过 ±5%，则可认为生产者提供的数据不准确或者该配变绕组材质可能为铝。

4. 导线参数计算

如图 5.2 所示，根据获取到的导线规格和计算所得的绕组尺寸，可计算出导线的相关参数：

（1）电流密度：

$$j = \frac{I_x}{A_x}$$

式中，j 为电流密度（A/mm^2）；I_x 为相电流（A）；A_x 为导线总截面积（mm^2）。

（2）导线总长：

$$L_m = 2\pi R_x W_m$$

式中，L_m 为导线总长（m）；R_x 为线圈平均半径（m）；W_m 为最大分接时的线圈总匝数。

（3）裸导线质量：

$$G_x = 3L_m A_x g \times 10^{-3}$$

式中，G_x 为裸导线质量（kg）；A_x 为导线截面积（mm^2）；g 为导线密度（g/cm^3）。

（4）线圈直流电阻：

$$R_{75\,°C} = \rho_{75\,°C} \frac{L_N}{A_x}$$

式中，$R_{75\,°C}$ 为导线 75 °C 时的直流电阻（Ω）；L_N 为额定分接时的导线长（m）；A_x 为导线截面积（mm^2）；$\rho_{75\,°C}$ 为导线在 75 °C 时的电阻系数（Ω·mm^2/m）。

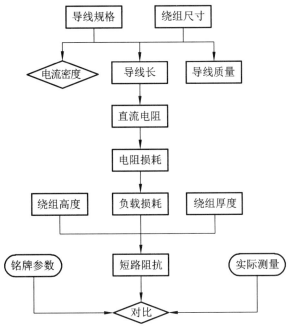

图 5.2 导线参数及负载特性计算判断流程

5. 负载损耗及短路阻抗计算

如图 5.2 所示，根据计算所得的线圈电阻和绕组尺寸，可计算出配变的负载损耗及短路阻抗。

（1）线圈电阻损耗：

$$P_x = 3I_g^2 R_{75\,℃}$$

式中，P_x 为线圈电阻损耗（W）；I_g 为相电流（m）；$R_{75\,℃}$ 为线圈 75 ℃ 时的直流电阻（Ω）。

（2）层式线圈附加损耗：根据经验，容量在 50 kVA 以下的变压器按线圈电阻损耗的 3%计，容量在 63～630 kVA 的变压器按线圈电阻损耗的 5%计。

（3）负载损耗：电阻损耗加上附加损耗即为配变的负载损耗。

（4）短路阻抗：

$$u_k = \sqrt{u_{kr}^2 + u_{kx}^2}\,\%$$

式中，u_k 为短路阻抗；u_{kr} 为短路阻抗电阻分量；u_{kx} 为短路阻抗电抗分量。其中：

短路阻抗电阻分量：

$$u_{kr} = \frac{P_k}{10 P_N} \%$$

式中，u_{kr} 为短路阻抗电阻分量；P_k 为 75 ℃ 的负载损耗（W）；P_N 为额定容量（kVA）。

短路阻抗电抗分量：

$$u_{kx} = \frac{49.6 f I W \sum D \rho K}{e_t H \times 10^6} \%$$

式中，u_{kx} 为短路阻抗电抗分量；f 为频率（Hz）；I 为额定电流（A）；W 为主分接时的总匝数；e_t 为每匝电势（V/匝）；H 为线圈平均电抗高度（取高低压线圈平均高度）；ρ 为洛氏系数，$\rho = 1 - \frac{R_2 - R_1}{\pi H}$（其中 R_1 为内线圈内半径，R_2 为外线圈外半径）；K 为附加电抗系数，一般取 0.97 ~ 1.1；$\sum D = \frac{1}{3}(a_1 r_1 + a_2 r_2) + a_{12} r_{12}$，$a_1$、$a_2$ 为内外线圈的厚度（cm）；r_1、r_2 为内外线圈的平均半径（cm）；a_{12} 为漏磁空道的厚度（cm）；r_{12} 为漏磁空道的平均半径（cm）。

（5）经验判据：如果计算所得配变的负载损耗超出标准要求值或大于铭牌值 5%，短路阻抗超出标准要求范围或偏差大于铭牌值的 10%，则该配变绕组材质可能为铝。

6. 空载损耗及空载电流计算

如图 5.3 所示，根据计算所得的铁芯尺寸，计算出配变的空载损耗及空载电流。

（1）铁芯芯柱质量：

$$G_{F1} = 3 \gamma H_0 A_t \times 10^{-4}$$

铁芯铁轭质量：

$$G_{F2} = 4 \gamma M_0 A_e \times 10^{-4} + G_0$$

式中，G_{F1} 为芯柱的质量（kg）；G_{F2} 为铁轭的质量（kg）；γ 为硅钢片密度（g/cm^3）；H_0 为窗高（mm）；M_0 为两铁芯中心距（mm）；A_t 为铁芯柱截面积（cm^2）；A_e 为铁轭截面积（cm^2）；G_0 为角重（kg）。

（2）空载损耗：

$$P_0 = K_1 \times (P_1 G_{F1} + P_2 G_{F2})$$

式中，P_0 为空载损耗（W）；K_1 为附加损耗系数，可取 1.25 ~ 1.4；P_1 为芯柱的单位损耗（W/kg）；P_2 为铁轭的单位损耗（W/kg）；G_{F1} 为芯柱的质量（kg）；G_{F2} 为铁轭的质量（kg）。

（3）空载电流：

$$i_0 = \sqrt{i_{0a}{}^2 + i_{0b}{}^2} \%$$

式中，空载电流有功分量：$i_{0a} = \dfrac{P_0}{10S_e}\%$，$i_{0a}$ 为空载电流有功分量，P_0 为空载损耗（W），S_e 为变压器额定容量（kVA）；空载电流无功分量：$i_{0b} = K_0\dfrac{g_c G_F + g_j C A_t}{10S_e}\%$，$i_{0b}$ 为空载电流无功分量，K_0 为附加系数，可取 1.3，G_F 为铁芯质量（kg）；C 为接缝数；A_t 为铁芯有效截面积（cm^2），S_e 为变压器额定容量（kVA），g_c 为单位铁重激磁功率（VA/kg）；g_j 为接缝单位面积激磁功率（VA/cm^2），为硅钢片参数，查表可得。

（4）经验判据：如果计算所得空载损耗和空载电流超出标准要求值或大于铭牌值 5%，则该配变绕组材质可能为铝。

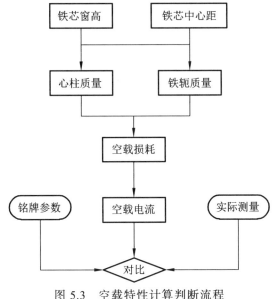

图 5.3 空载特性计算判断流程

7. 外观尺寸计算

如图 5.4 所示，根据计算所得的铁芯尺寸，计算出配变外观尺寸。

（1）油箱高度：

$$H = H_0 + 2H_e + H_d + H_x$$

式中，H 为油箱高度（mm）；H_0 为铁芯窗高（mm）；H_e 为铁轭的最大片宽（mm）；

H_d 为垫脚高（mm），可取 10 ~ 16 mm；H_x 为铁芯至箱盖的距离（mm），可取 120 ~ 150 mm。

（2）油箱宽度：

$$B = D_G + B_1$$

式中，B 为油箱宽度（mm）；D_G 为外线圈直径（mm）；B_1 为高压侧对油箱空隙（mm），可取 30 ~ 50 mm。

（3）油箱长度：

$$L = D_G + 2M_0 + B_2$$

式中，L 为油箱长度（mm）；D_G 为外线圈直径（mm）；M_0 为铁芯柱中心距（mm）；B_2 为长轴方向 A/C 相外线圈对油箱空隙（mm），可取 30 ~ 50 mm。

（4）经验判据：如果计算所得外观尺寸与铭牌值或实际测量值相差超过 10%，则该配变绕组材质可能为铝。

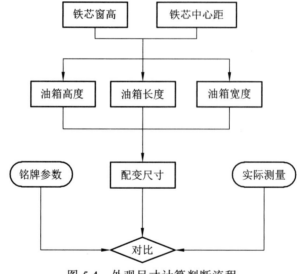

图 5.4　外观尺寸计算判断流程

8. 温升计算

如图 5.5 所示，根据计算所得的绕组尺寸、配变尺寸及损耗，结合散热器尺寸，可计算出配变的温升。

（1）线圈表面对油的平均温升：

$$T_x = 0.065q^{0.8} + K_j q n_j + 0.002(n - 2n_2)q\delta_y$$

式中，T_x 为线圈表面对油的平均温升（℃）；q 为线圈表面的单位热负荷（W/m²），$q = \dfrac{1.032P_k + P_0}{S}$，$P_k$、$P_0$ 分别为负载及空载损耗（W），S 为线圈的有效散热面积（m³），应包括所有与油接触的面积；K_j 为绝缘校正系数，对于配变可取 0；n_j 为总层数减去油道数；n 为线圈总层数，n_2 为散热面数；δ_y 为层间绝缘厚加匝间绝缘厚。

（2）自冷配变油顶层温升：

$$T_a = 1.2T_y + T_\delta$$

式中，T_a 为油顶层温升（℃）；T_y 油对空气的平均温升（℃），可取 $T_y = 0.262q_T^{0.8}$，q_T 为油箱单位热负荷（W/m²），油箱有效散热面积应包括所有可与空气接触的面积；T_δ 为油温升修正值（℃），可取 3～6 ℃。

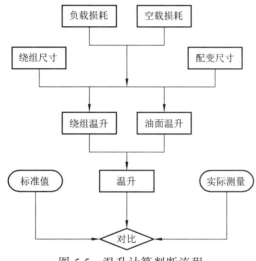

图 5.5　温升计算判断流程

9. 质量计算

如图 5.6 所示，根据计算所得的绕组尺寸、配变尺寸及铁芯尺寸，可计算出配变的质量。

（1）铜绕组配变的器身排油质量：

$$G_{py} = \frac{G_{Fe}}{7.8} + \frac{G_{Cu}}{4.5}$$

铝绕组配变的器身排油质量：

$$G_{py} = \frac{G_{Fe}}{7.8} + \frac{G_{Al}}{1.85}$$

式中，G_{py} 为器身排油质量（kg）；G_{Fe} 为硅钢片质量（kg）；G_{Cu} 为带绝缘的铜导线质量（kg）；G_{Al} 为带绝缘的铝导线质量（kg）。

（2）桶式油箱空油箱装油质量：

$$G_{ky}=0.9HA_d$$

式中，G_{ky} 为空油箱装油质量（kg）；H 为桶式油箱高度（dm）；A_d 为油箱横截面积（dm^2）。

（3）总油质量：

$$G_y=G_{ky}-G_{py}+G_{sy}$$

式中，G_y 为总油质量（kg）；G_{ky} 空油箱装油质量（kg）；G_{py} 为器身排油质量（kg）；G_{sy} 为散热器中油质量（kg），查表可得。

（4）器身质量：

$$G_q=K_q(G_{Fe}+G_r)$$

式中，G_q 为器身质量（kg）；K_q 为器身杂类系数，全铜线取 1.15，半铜半铝取 1.16，全铝取 1.2；G_{Fe} 为硅钢片质量（kg）；G_r 为带绝缘的导线质量（kg）。

（5）平顶油箱盖质量：

$$G_g=7.85A_g\delta_g$$

式中，G_g 为油箱盖质量（kg）；7.85 为钢板比重（kg/dm^3）；A_g 为箱盖面积（dm^2）；δ_g 为箱盖厚度（dm）。

（6）油箱总质量：

$$G_{yx}=1.15\times[7.85\times(A_g\delta_g+A_d\delta_d+I_bH_b\delta_b)+G_s]$$

式中，G_{yx} 为油箱质量（kg）；1.15 为系数；7.85 为钢板比重（kg/dm^3）；A_g 为箱盖面积（dm^2）；δ_g 为箱盖厚度（dm）；A_d 为箱底面积（dm^2）；δ_d 为箱底厚度（dm）；I_b 为油箱周长（dm）；H_b 为油箱高度（dm）；δ_b 为箱壁厚度（dm）；G_s 为散热器重量，查表可得。

（7）配变总质量：

$$G=G_q+G_{yx}+G_y+G_f$$

式中，G 为配变总质量（kg）；G_q 为器身质量（kg）；G_{yx} 为油箱质量（kg）；G_y 为油质量（kg）；G_f 为附件质量（kg），查表可得。

（8）经验判据：如果计算所得配变的重量与铭牌值或实际测量值相差超过 10%，则该配变绕组材质可能为铝。

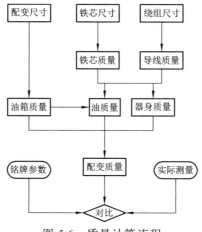

图 5.6   质量计算流程

10. 材质鉴别整体流程

材质鉴别整体流程如图 5.7 所示。

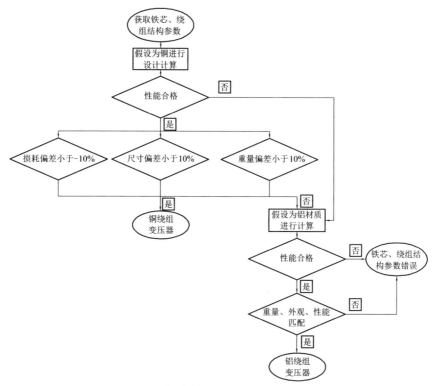

图 5.7   反推演算法材质鉴别流程示意图

11. 结果判据

（1）性能参数必须在标准要求范围内（GB 1094.1）：

空载损耗或负载损耗不超过+15%且总损耗不超过+10%；空载电流不超过+30%；短路阻抗偏差±10%；温升限值60 K。

（2）如果用铜材计算所得空载损耗、负载损耗出现负偏差，其偏差值大于－10%，则该配变材质可能为铝。

（3）如果用铜材计算所得外观尺寸与实际测量值相差超过±10%，则该配变绕组材质可能为铝。

（4）如果用铜材计算所得重量与铭牌值或实际测量值相差超过10%，则该配变绕组材质可能为铝。

（5）对绕组材质可能为铝的配变用铝材重新进行计算，判断结果与实际配变的匹配程度。

（6）若铝变计算结果与实际匹配，那么变压器就是铝变压器；若不匹配，则铁芯、绕组参数错误，可重新获取或解体。

对于判断为铝变的配变，可以解体检查进行最终确认。但需要说明的是，因各厂家生产工艺、设计模型有可能存在差异，较精确的限值需要由不同厂家、大量的样品验证得出，因此上述判据并非为限值，应当作为参考值综合考虑。

5.2.3 反推演算算例

1. 反推演算软件介绍

目前已形成的反推演算软件主界面如图 5.8 所示，该界面可以选择配变的型号、容量、铁芯样式、接线方式、铁芯尺寸、高低压绕组结构形式、绕线尺寸形式、主绝缘设计、散热片设计等；可完成配变温升校核、空载损耗、负载损耗、变压器高度、总质量等方面的反推演算，根据上述关键性能指标与铭牌参数的比较，判断配变是否存在造假行为。

利用该软件进行配变反推演算的主要流程：

（1）选择配变的型号、容量、接线方式等。

（2）选择配变采用的国家标准、行业标准、企业所属标准等。

（3）选择配变的电压等级、铁芯材料新旧等。

（4）根据铁芯的结构参数，添加铁芯的长轴和短轴参数、铁芯级数和最小片宽。

（5）根据绕组的结构尺寸添加高低压绕组的层数、匝数、高低压绕线的线规等参数。

S13-M-	200	/	10	-	0.4	设计序号		
南网标	Dyn11	新片			1	5	1	0
长轴		短轴		磁通密度	级数	最小片宽	长/短	铁心牌号
190	64	130	41	1.409	10	30	1.462	27QG100
低压匝数	低压对地	窗高Hw	膨胀体积	波高		600	600	
35	13	330	7.48	波深		140	140	
主空道A12	相间E	中心距Mo	膨胀极限	油面温升	高压温升	低压温升		
7	5	265	8.15	42.37	45.75	51.77		
高压层数	每层匝数	外层匝数		标准值	设计值	偏差		
12	134	117	Po	240	261	8.67	%	
高压线型		低压线型	Pk	2730	2474	-9.39	%	
Y	线规 铜 2.36	铜箔 线规 0.4	P总	2970	2734	-7.93	%	
φ 1.8	4.5	300	Uk	4	3.88	-2.93	%	
			Io	***	0.25	#####	%	
高压电密	2.62	2.41	低压电密	总成本	¥22,320.39			
铁心质量	高压质量	低压质量	器身质量	油质量	油箱质量	总质量		
375	90	80	625	158	168	970		

图 5.8　反推演算软件主界面

（6）设置主空道和相间距等关键参数，进而调节窗高和中心距，使得推演值与厂家提供值一致。

（7）调整散热片的参数使之与厂家提供参数一致。

（8）根据温升、损耗、质量等参数与铭牌值之间的差异，进而判断是否存在造假。

推演中使用的铁芯尺寸、绕组参数、散热片参数等均可由厂家提供，也可在这些参数缺失的条件下进行推演调节。

在进行反推演算前，可要求供货商提供变压器的铁芯、绕组、附件、外形尺寸等方面的技术资料，然后根据这些材料进行反推演算。图 5.9 和图 5.10 为 ABB 所提供的铁芯结构和铁芯参数，根据这些结构和参数可以在软件中完成铁芯参数的配置。

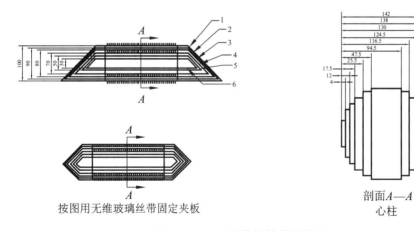

按图用无维玻璃丝带固定夹板

剖面A—A
心柱

图 5.9　ABB 提供的铁芯结构图

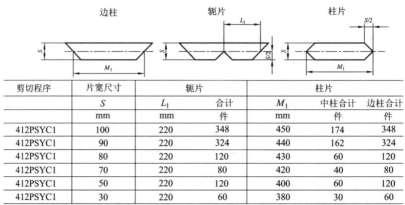

剪切程序	片宽尺寸	轭片			柱片		
	S	L_1	合计	M_1	中柱合计	边柱合计
	mm	mm	件	mm	件	件
412PSYC1	100	220	348	450	174	348
412PSYC1	90	220	324	440	162	324
412PSYC1	80	220	120	430	60	120
412PSYC1	70	220	80	420	40	80
412PSYC1	50	220	120	400	60	120
412PSYC1	30	220	60	380	30	60

备注：1. 铁芯端面涂聚胶脂漆 7110；　　　　　　铁芯片等级=27QG100
　　　2. 夹板用无维玻璃丝带固定在心柱上；　　材料尺寸=0.27 mm
　　　3. 实际片数保证铁芯叠厚；　　　　　　　质量（净重）=188 kg
请参照标准铁芯搭叠图。　　　　　　　　　　　质量（毛重）=198 kg

图 5.10　ABB 提供的铁芯参数

图 5.11~图 5.13 为南京立业提供的配变铁芯图纸和实物照片。

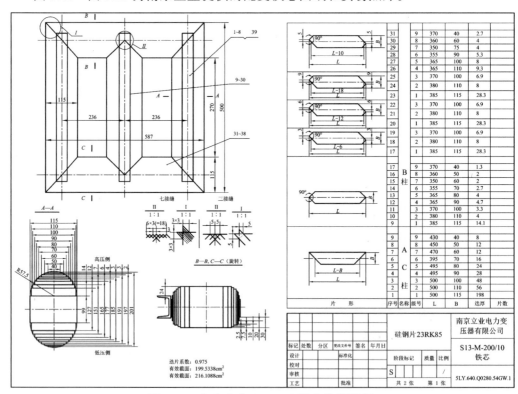

图 5.11　南京立业 S13-200 配变铁芯图纸

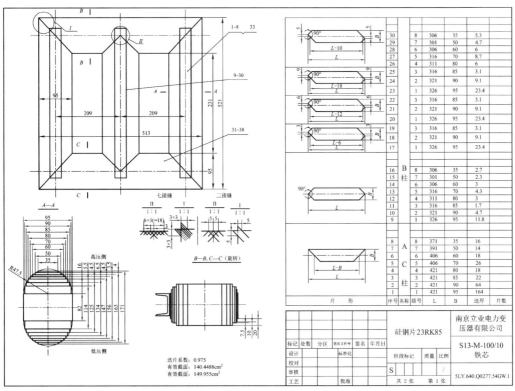

图 5.12　南京立业 S13-100 配变铁芯图纸

图 5.13　南京立业配变实物照片

表 5.1 为海通变压器提供的配变技术参数, 表 5.2 为广特电气提供的配变技术参数。图 5.14 和图 5.15 分别为广特提供的配变实物照片和铭牌照片。

表 5.1 海通变压器提供的配变技术参数

型号	编号	器身尺寸/mm			散热片尺寸/mm			箱壳顶部尺寸/mm		底部底座间距尺寸/mm	散热片数量/片
		长	宽	高	长	宽	高	长	宽		
SH15-M-50/10	YN.WL-2015-01-配变-017（出厂编号 150100）	815	440	515	495	220	400	910	535	515	单面 12 片
SH15-M-100/10	YN.WL-2015-01-配变-019（出厂编号 140842）	1 020	480	515	810	200	400	1 080	540	510	前后双面 19 片
SH15-M-200/10	YN.WL-2015-01-配变-022（出厂编号 142929）	1 170	580	550	810	220	400	1 250	660	610	前后双面 19 片
SH15-M-400/10	YN.WL-2015-01-配变-024（出厂编号 150118）	1 270	640	705	1 035	300	500	1 360	730	770	前后双面 24 片

表 5.2 广特电气提供的配变技术参数

型号	编号	器身尺寸/mm			散热片尺寸/mm			箱壳顶部尺寸/mm		底部底座间距尺寸/mm	散热片数量/片
		长	宽	高	长	宽	高	长	款		
S13-M-100/10	YN.WL-2015-01-配变-011（出厂编号 150254）	670	350	540	540	185	400	785	460	400	13 片
S13-M-200/10	YN.WL-2015-01-配变-013（出厂编号 150312）	750	405	620	680	165	500	860	510	560	前后 16 片，两侧 8 片
S13-M-400/10	YN.WL-2015-01-配变-015（出厂编号 150085）	895	445	770	810	200	550	1 015	565	560	前后 19 片，两侧 9 片

图 5.14　广特电气提供的配变实物照片

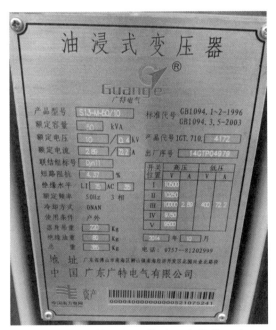

图 5.15　广特电气提供的配变铭牌照片

2. 反推演算实例

以采用南网标准的 S13-200 的 10 kV/0.4 kV 配电变压器为例进行反推演算，其流程如下：

（1）在图 5.16 所示的区域内选择配变的型号、容量、接线方式等。

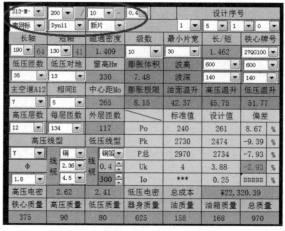

图 5.16　配变型号参数输入

（2）在图 5.17 所示的区域内，根据铁芯图纸，添加铁芯的长轴、短轴、级数和最小片宽。

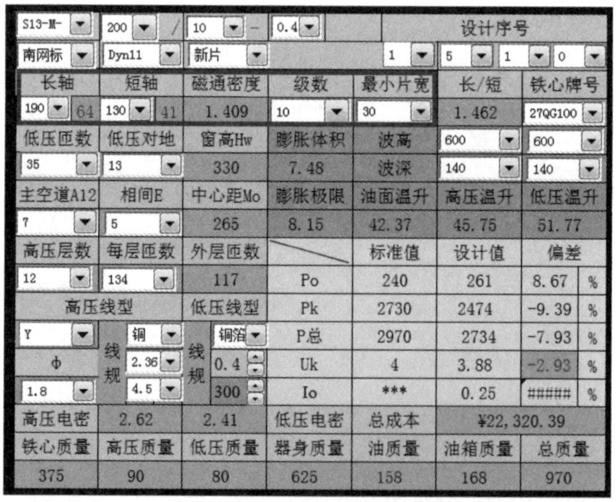

图 5.17　配变铁芯参数设置

在软件的数据库中可以根据铁芯参数进行调整，如图 5.18 所示。

片宽	130	110	80	0	0	0	0	0	0	0	0
叠厚	88	69	33	0	0	0	0	0	0	0	0
总叠厚	196	叠片系数	0.97	毛截面	217.25	净截面	210.7325	窗高	330	中心距	265
轭重	56.21875	36.04582	12.0224	0	0	0	0	0	0	0	0
柱重	28.10937	19.71256	7.489362	0	0	0	0	0	0	0	0
总重	374.5078										

图 5.18　数据库中的铁芯参数设置

（3）在图 5.19 中红色框区域，根据绕组的结构尺寸添加高低压绕组的层数、匝数、高低压绕线的线规等参数。

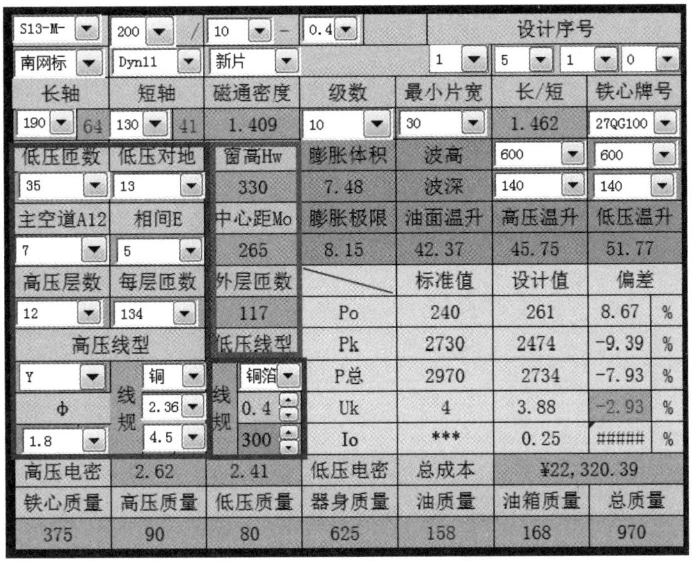

S13-M-	200	/	10	-	0.4		设计序号		
南网标	Dyn11	新片		1	5	/	0		
长轴	短轴	磁通密度	级数	最小片宽	长/短	铁心牌号			
190	64	130	41	1.409	10	30	1.462	27QG100	
低压匝数	低压对地	窗高Hw	膨胀体积	波高	600	600			
35	13	330	7.48	波深	140	140			
主空道A12	相间E	中心距Mo	膨胀极限	油面温升	高压温升	低压温升			
7	5	265	8.15	42.37	45.75	51.77			
高压层数	每层匝数	外层匝数		标准值	设计值	偏差			
12	134	117	Po	240	261	8.67 %			
高压线型		低压线型	Pk	2730	2474	-9.39 %			
Y 铜	铜箔	P总	2970	2734	-7.93 %				
线规 2.36	线规 0.4	Uk	4	3.88	-2.93 %				
φ 1.8	4.5	300	Io	***	0.25	##### %			
高压电密	2.62	2.41	低压电密	总成本	¥22,320.39				
铁心质量	高压质量	低压质量	器身质量	油质量	油箱质量	总质量			
375	90	80	625	158	168	970			

图 5.19　高低压绕组参数设置

（4）设置主空道和相间距等关键参数，进而调节窗高和中心距，使得推演值与厂家提供值一致。主空道的设置计算如图 5.20 所示。

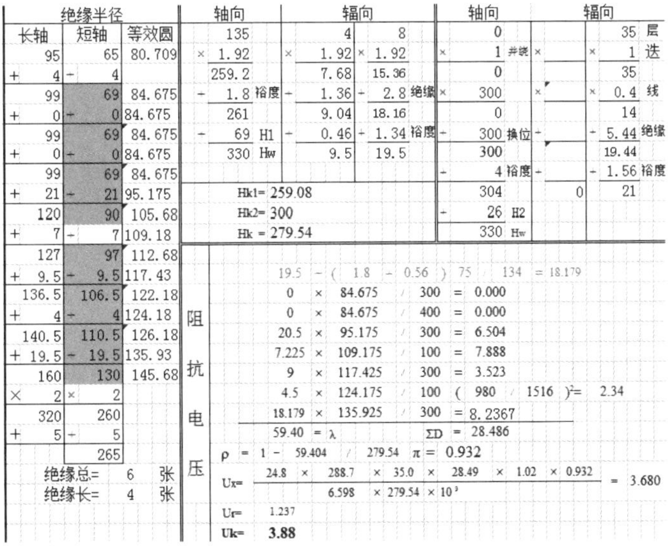

绝缘半径			轴向		辐向		轴向		辐向	
长轴	短轴	等效圆	135	4	8		0		35 层	
95	65	80.709	× 1.92	× 1.92	× 1.92	×	1 #绕 ×		1 迭	
+ 4	- 4		259.2	7.68	15.36		0		35 线	
99	69	84.675	- 1.8 裕度	- 1.36	- 2.8 绝缘	300			0.4	
+ 0	0	84.675	261	9.04	18.16		300		14	
99	69	84.675	69 H1	0.46	1.34 裕度	300 换位			- 5.44 绝缘	
+ 0	0	84.675	330 Hw	9.5	19.5		300		19.44	
99	69	84.675					4 裕度		- 1.56 裕度	
+ 21	21	95.175	Hk1=259.08			304	0		21	
120	90	105.68	Hk2=300			26 H2				
+ 7	7	109.18	Hk = 279.54			330 Hw				
127	97	112.68								
+ 9.5	9.5	117.43		19.5 -（1.8 - 0.56 ）75		134 = 18.179				
136.5	106.5	122.18	阻	0 × 84.675 × 300	= 0.000					
		124.18		0 × 84.675 × 400	= 0.000					
140.5	110.5	126.18		20.5 × 95.175 × 300	= 6.504					
+ 19.5	19.5	135.93		7.225 × 109.175 × 100	= 7.888					
160	130	145.68		4.5 × 124.175 × 100（980 1516 ）²= 2.34						
× 2	× 2		抗	18.179 × 135.925 × 300	= 8.2367					
320	260		电	59.40 = λ	ΣD = 28.486					
+ 5	5			ρ 1 - 59.404 / 279.54 π = 0.932						
265			压	Uₓ = 24.8 × 288.7 × 35.0 × 28.49 × 1.02 × 0.932 / (6.598 × 279.54 × 10³) = 3.680						
绝缘总=	6 张			Uᵣ = 1.237						
绝缘长=	4 张			Uk= 3.88						

图 5.20　主空道的设置计算

（5）调整散热片的参数使之与厂家提供参数一致，其推算如图 5.21 所示。

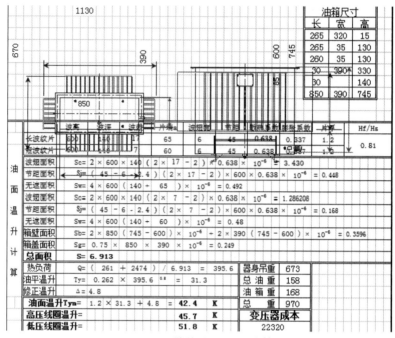

图 5.21　散热片的设置计算

（6）确定配变的温升和损耗等参数，如图 5.22 所示。

负载损耗	高压		铜			低压		铜箔		
	737.80	/	1000	= 0.738		532.029	/	1000	= 0.532	
	854.042	/	1000	= 0.854		598.003	/	1000	= 0.598	
	0.738	×	536	= 395.46	m	0.53	×	0.00	= 0.00	
	0.854	× 1055	+ 395.46	× 1 = 1297.5		0.598	×	35	= 20.930	
	0.854	× 980	+ 395.46	= 1232.4	m	0.5 × 0.00	+ 20.930	= 21.43		
	0.02097 × 1232.4	/	2.545	= 10.15603		0.02097 × 21.43	/	120.00	= 0.003745	
	Pkh=3	× 10.156	×	6.67 ^{2} = 1354	W	Pkl=3	× 0.00374	×	288.68 ^{2} = 936	W

线圈温差	
S_x= 3 ×10^{-6} × 259.08（0.5 × 708 + 0.85（767.6 + 792.78）+ 915.3 ）= 2.017	
Q1= 1354 / 2.017 671.2	
Tx= 0.065 × 671.2 $^{0.8}$ = 11.9	
T△J= 0.002（0.64 - 0.64 ）（12 - 4）671.2 = 0 ℃	
T△c= 0.002（12 - 2 × 4 ）0.48 × 671.2 = 2.6 ℃	
Tx1= 11.869 + 0 + 2.6 = 14.4 ℃	
3 ×10^{-6} × 300（0.85（532.029 + 0.0 + 0.0 ）+ 0.5 × 664.0 ）= 0.706	
Q2= 936 / 0.706 1326.57	
Tx2= 0.065 × 1326.6 $^{0.8}$ = 20.5 ℃	

图 5.22　配变温升和损耗参数计算

（7）根据温升、损耗、质量等参数与铭牌值之间的差异，进而判断是否存在造假，如图 5.23 所示。

S13-M-	200	10	-	0.4	设计序号		
南网标	Dyn11	新片		1	5	1	0
长轴	短轴	磁通密度	级数	最小片宽	长/短	铁心牌号	
190 / 64	130 / 41	1.409	10	30	1.462	27QG100	
低压匝数	低压对地	窗高Hw	膨胀体积	波高	600	600	
35	13	330	7.48	波深	140	140	
主空道A12	相间E	中心距Mo	膨胀极限	油面温升	高压温升	低压温升	
7	5	265	8.15	42.37	45.75	51.77	
高压层数	每层匝数	外层匝数		标准值	设计值	偏差	
12	134	117	Po	240	261	8.67	%
高压线型		低压线型	Pk	2730	2474	-9.39	%
Y	铜	铜箔	P总	2970	2734	-7.93	%
φ	线规 2.36	线规 0.4	Uk	4	3.88	-2.93	%
1.8	4.5	300	Io	***	0.25	#####	%
高压电密	2.62	2.41	低压电密	总成本	¥22,320.39		
铁心质量	高压质量	低压质量	器身质量	油质量	油箱质量	总质量	
375	90	80	625	158	168	970	

图 5.23　配变反推演算结果

最终的判定应以推演值与实测值或铭牌值的对比为依据。若存在严重可疑的，可以进行解体检查。

5.3　基于遗传算法的配变绕组材质鉴别反推演算方法

上述反推演算方法可以有效地提供配电变压器绕组材质的判断依据，但是所需推演参数比较多，铁芯和绕组的相关技术参数涉及配变设计的细节，如何保证厂家提供的参数准确无误是比较困难的问题，并且上述推演流程比较复杂，操作人员必须对配电变压器的设计和优化具有足够的知识，因此，在实际应用中存在着颇多不便。

项目在反推演算的基本思路上，进一步提出利用遗传算法进行配电变压器关键技术参数的推演迭代，根据外形、重量、电压和容量等容易获得的技术参数，自动推算出损耗、阻抗等关键判定参数，进而与铭牌值进行比较，判断配电变压器的绕组材质是否存在造假的可能。

5.3.1　遗传算法的基本流程

遗传算法（Genetic Algorithm）基本思想于 1975 年由美国 Michigan 大学 John.Holland 教授在 *Adaptation in Natural and Artificial System* 中提出，模式定理在一

定程度上为遗传算法奠定了数学基础。1985 年召开第 1 届国际遗传算法会议 ICGA（International Conference on Genetic Algorithm），成立了国际遗传算法学会。1989 年 Goldberg 的专著 *Genetic Algorithm in Search，Optimization and Machine Learning* 完整地论述了遗传算法基本原理。1993 年第 1 个遗传算法专门刊物 *Evolutionary Computation* 由 MIT 创刊。1994 年 IEEE 成立进化计算委员会，出版期刊 *IEEE Transactions on Evolutionary Computation*。遗传算法应用领域已拓展到模式识别、自动控制、机器学习、工程设计、智能故障诊断等方面，并仍在不断发展。

遗传算法基本思想是通过对生物的遗传、变异和进化过程的数学模拟，实现在可行解空间中寻求最优解。这里简要论述有关生物学理论，并阐述遗传算法的若干基本概念。

生物的特征或行为统称为性状，个体的性状可称为表现型（Phenotype）。生物学研究表明大多数性状都强烈受到基因型（Genotype）控制。在繁殖过程中，子代个体与亲代个体性状的相似性称为遗传（Heredity），性状的差异性称为变异（Variation），遗传和变异都与个体基因型有关。占据特定空间和时间范围的同种生物能够自由进行基因交流的所有个体称为种群（Population）。环境因素对个体的要求或限制称为选择压力。选择压力作用下不同特征的个体表现出对环境不同的适应性，适应能力强的个体获得更多的生存机会，并能以更大的可能性将自己的基因型遗传给下一代，适应能力弱的个体则容易被淘汰。长此以往，种群中适应能力强的个体就会越来越多，相应的基因型在种群所有基因型中的比例越来越高，种群基因型向适应环境要求的方向不断发展，这就是进化的实质。

遗传算法中，问题的每个可行解都称为个体，一定数量的个体称为种群，对个体的要求或限制即为选择压力或约束条件。个体的参数或特征中处于核心地位的参数称为个体的基因型，处于被支配地位的参数或特征称为表现型，表现型可描述为基因型的函数。定量化衡量个体适应能力的方法称为适值函数（Fitness Function）。根据亲代个体基因型按特定方法产生子代个体基因型的过程称为遗传，对基因型的引入不由亲代决定的变化则称为变异。个体参与遗传和变异过程的可能性由适值函数决定。遗传算法对种群进行多次遗传和变异操作，实现个体在解空间分布的定向变化，寻求出最能满足要求的个体。

遗传算法基本流程如图 5.24 所示，其应用研究主要包括三个方面内容：① 基因型、表现型和初始种群；② 适值函数；③ 遗传算子和选择策略。一般以种群更新次数作为停止准则。

个体基因型 G 和表现型 P 根据问题特点确定。具有 m 个基因型和 n 个表现型的个体可抽象为 m 维基因型空间 G 和 n 维表现型空间 P 中的点，映射 $P = P(G)$ 根据个体特点确定。

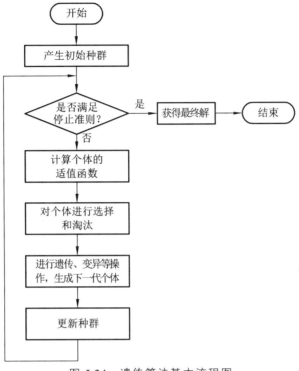

图 5.24　遗传算法基本流程图

$$G = (g_1, g_2, g_3, \cdots, g_m) \tag{5.1}$$

$$P = (p_1, p_2, p_3, \cdots, p_n) \tag{5.2}$$

$$P = P(G) \tag{5.3}$$

G 在可行解范围内取值并采用适当的编码方式以便处理。常用编码方式为二进制编码，特殊问题或精度要求很高时采用实数编码。初始种群一般采用在 G 中随机生成的方法。

适值函数根据问题的要求确定。大多数优化问题中目标函数与个体的表现型有关。由目标函数 $f(P)$ 确定适值函数 $F(P)$ 的过程称为标定（Scaling），个体的适值函数值称为适应度。单目标优化问题中，将目标函数进行简单变换之后一般即可作为适值函数。多目标优化问题则需采用较复杂的方法，如权重系数法或多目标优化法。

基本遗传算子包括交叉算子和变异算子。交叉算子将亲代个体的基因型按特定方法组合得到子代个体的基因型。常用交叉算子有点交叉和线性交叉两类，点交叉分为单点交叉和多点交叉两种，对编码位进行操作。对亲代个体 G_1 和 G_2 具有的编码位数为 n 的基因 g_{k1} 和 g_{k2}，点交叉算子将整个编码在相同的位置处截成若干段，并按一定规律进行交换得到子代个体 G_{11} 和 G_{12} 的基因型，图 5.25 给出了 2 点交叉的过程。线性交叉算子则直接对亲代个体 G_1 和 G_2 的基因 g_{k1} 和 g_{k2} 的数值进行线性组合得到子代 G_{11} 和 G_{12}，本研究不采用线性交叉算子。

变异算子按变异概率 P_V 随机选择个体基因中的若干位改变其位值。变异算子模拟个体基因受到小扰动时产生的变化。P_V 是一较小数值，但太小会限制遗传算法的全局寻优能力。

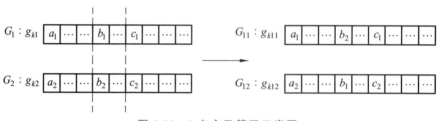

图 5.25 2 点交叉算子示意图

选择策略是根据适应度确定个体参与遗传过程可能性的策略。常用的是正比选择策略，第 i 个个体参与遗传过程的概率 P_i 定义为：

$$P_i = \frac{F_i}{\sum F_i} \qquad\qquad (5.4)$$

式中，F_i 为第 i 个个体的适应度，分母为种群中所有个体的适应度总和。计算出个体概率后采用旋轮法实现选择操作。按遗传算子产生新一代个体，并更新种群。

遗传算法具有明显的特点：① 不处理问题本身的参数；② 采用概率规则而非确定性规则来改变搜索方向；③ 从问题的多个可行解开始，降低了陷入局部最优解的可能性；④ 内在地使用并行搜索方法；⑤ 对问题本身并未施加特殊限制，适用于多变量、多目标、非线性、离散性等多种类型的优化问题。

遗传算法也有尚未克服的缺点，如缺乏严谨的数学理论基础、极大适应度的个体过早出现可能使算法陷入局部最优等。但上述缺陷并未影响遗传算法的广泛、有效应用，对遗传算法的研究和相关改进也在持续进行。

各种基于遗传算法的软件工具已出现并得到应用。应用较广的有英国 Sheffield 大学开发的基于 MATLAB 语言的遗传算法工具箱 GA Toolbox 和美国 Mathworks 公司开发的 MATLAB Global Optimization Toolbox 等。

5.3.2   问题的描述和转化

本研究关注的问题是：在不拆卸变压器的情况下，通过变压器外部参数来分析绕组材质。本节对该问题进行详细分析，并结合遗传算法的特点，将该问题转化为可应用遗传算法解决的优化问题。

1. 问题的描述

严格按相关设计方法和标准要求进行设计，变压器采用铜导线或铝导线绕制均能满足性能要求。但部分厂家在设计、制造过程中简单地以铝导线代替铜导线，严重降低产品质量，威胁电网安全运行。研究表明：① 铜导线设计方案中简单采用铝导线，负载性能和温升必与铜绕组变压器存在较大差异，甚至远超标准要求；② 按铝导线设计，性能指标可符合标准要求，但变压器外形与同等性能铜绕组变压器存在显著差异。同一设计指标下采用铜绕组和铝绕组进行设计，可行结果的集合不完全相同，可利用此差异研究分析变压器绕组材质的方法。

变压器空载性能、负载性能、质量、温升等指标组成外特性参数空间 T_C。外特性由基础设计参数，如导线规格、铁芯柱直径等确定，基础设计参数组成设计参数空间 T_D。变压器的绕组材质检测问题可抽象为如图 5.26 所示的数学问题。

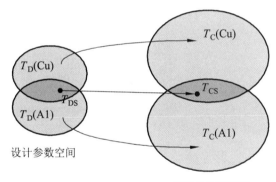

图 5.26　绕组材质检测问题的数学描述

（1）特定设计指标下，铜绕组变压器全部可行设计方案在 T_C 和 T_D 中组成集合 T_C（Cu）和 T_D（Cu），铝绕组变压器也组成 T_C（Al）和 T_D（Al），T_C（Cu）和 T_C（Al）不重叠。

（2）被测变压器 T 在 T_C 和 T_D 中各表现为 1 个点 T_{CS} 和 T_{DS}，T_{CS} 已知或可测，T_{DS} 未知。

（3）分析 T 的绕组材质，就是判断 T_{CS} 与 T_C（Cu）和 T_C（Al）的类属关系。

为解决绕组材质检测问题，应确定 T_C（Cu）和 T_C（Al），理论上可通过在 T_D 中逐点映射的方法得到 T_C（Cu）和 T_C（Al），但所需时空复杂度极大，算法效率极低。

2. 材质检测问题转化为优化设计问题

如图 5.27 所示，采用优化设计方法，在 T_C（Cu）和 T_C（Al）寻找出最"接近"T_{CS} 的点 T_C（Cu，S）和 T_C（Al，S），T_C（Cu，S）越接近 T_{CS}，则 T_{CS} 属于 T_C（Cu）的概率越大，铝绕组情况下亦然。接近程度的定量化描述通过在 T_C 中引入距离定义来实现，寻找 T_C（Cu，S）和 T_C（Al，S）则可以 T_{CS} 为优化目标借助遗传算法加以实现。

种群规模较大时包含了 T_C（Cu）或 T_C（Al）中的较多个体，T_C（Cu）和 T_C（Al）的空间分布可采用最末一代种群表征，并可估计 T_C（Cu）或 T_C（Al）在 T_{CS} 附近个体的分布，据此可建立计算 T_{CS} 属于 T_C（Cu）和 T_C（Al）的概率的方法。

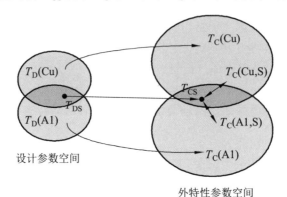

图 5.27　材质检测问题转化为设计优化问题

5.3.3　遗传算法在问题中的应用

1. 个体的基因型与表现型参数

基因型应满足完整性和独立性：① 充分反映个体的特征并决定外特性参数，没有冗余也没有缺失；② 各参数必须相互独立。

根据对变压器设计方法的研究，选定下列参数作为基因型参数：

（1）铁芯直径设计系数 K。本应以铁芯直径 D 作为基因型参数，但不同容量变压器 D 差别较大，选定 D 为参数会扩大搜索范围、降低算法效率，因此选取 K 为基因型参数，$K = 50 \sim 57$。

（2）铁芯工作磁通密度设计值 B。因低压绕组取整数匝使实际的 B 一般比设计值略低，将 B 的取值范围扩大到 $1.5 \sim 1.75$ T。

（3）低压绕组导线电流密度设计值 J_L。根据截面积设计值查导线规格时一般能得到很接近的结果，可按设计方法选择 J_L 的范围，J_L 最大值对铜绕组为 3 A/mm^2，对铝绕组为 2 A/mm^2。

（4）高压绕组导线电流密度设计值 J_H。

（5）低压绕组每层匝数 n_L。每层匝数可在一定范围内独立任意取值，考虑到不同电压等级变压器绕组总匝数和每层匝数差别均较大，需先根据 K 和 B 的设计值计算出匝电压和总匝数范围，再确定绕组每层匝数取值范围。

（6）高压绕组每层匝数 n_H。

个体的基因型 G 表示为：

$$G = (K, B, J_H, J_L, n_L, n_H) \tag{5.5}$$

表现型参数需便于测量，并充分反映铜绕组变压器和铝绕组变压器外特性差异。根据对变压器设计方法的研究，选定下列参数为表现型。

（1）$I\%$、P_0、P_K 和 $u_K\%$。4 个电气特性指标都具有标准值，实际测量较容易，设计方法表明绕组材质对其有不同程度的影响。

（2）高、低压相绕组电阻 R_{RH}、R_{HL}。电阻结合 4 个电气性能指标可更全面地反映绕组材质对性能的影响。

（3）铁芯温升 $\Delta\theta_{co}$、绕组温升 $\Delta\theta_{WHL}$、$\Delta\theta_{WHH}$ 和油温升 $\Delta\theta_o$。国家标准对温升指标提出了具体要求，此指标虽难以准确测量，但在衡量 T_C（Cu，S）和 T_C（Al，S）与 T_{CS} 的接近程度时可作为参考性指标。

（4）变压器总质量 G_T、器身质量 G_B 及油质量 G_O。这 3 个指标一般在变压器铭牌中给出，G_T 的实际测量也较容易，在衡量 T_C（Cu，S）和 T_C（Al，S）与 T_{CS} 的接近程度时也作为参考性指标。

个体的表现型 P 表示为：

$P = (I\%, P_0, P_K, u_K\%, R_{RH}, R_{RL}, \Delta\theta_{co}, \Delta\theta_{WHL}, \Delta\theta_{WHH}, \Delta\theta_o, G_T, G_B, G_O)$

映射 $P = P(G)$ 为前面所述变压器设计方法，设计方法分算法化是进行后续设计与开发的基础。

2. 约束条件

对个体施加各种约束条件，以限制和引导种群的进化方向并保证能收敛到符合实际的结果。可能出现的不符合实际的个体有两种类型：① 性能不满足国家标准要求；② 虽满足标准要求，但外特性与被测变压器矛盾。性能不满足国家标准要求的个体有以下几种：

① 高压侧电压超出允许偏差。国家标准规定变压器各分接实际电压与标称值的偏差不得超过 0.3%，可能出现的高压侧电压偏差超标的个体应予以淘汰。

② $I\%$、P_0、P_K 和 $u_K\%$ 中任何 1 个超标。考虑到算法所做的简化和实测的误差，约束条件确定为个体的 $I\%$、P_0、P_K 和 $u_K\%$ 中任一指标超标 10% 以上者均予以淘汰。

③ 铁芯温升$\Delta\theta_{co}$、绕组温升$\Delta\theta_{WHL}$、$\Delta\theta_{WHH}$和油温升$\Delta\theta_o$中任何 1 个超标，此类个体应予以淘汰。

性能指标符合相关标准，但与被测变压器矛盾的个体有以下 2 种：

① $I\%$、P_0、P_K、$u_K\%$及R_{RH}、R_{RL}与被测变压器相应指标偏差过大。性能指标与T_{CS}偏离过大的个体应予以淘汰。以确保种群进化方向正确。约束条件为任何 1 个指标与T_{CS}对应值偏差超过 20%的个体予以淘汰，实际运行结果表明此值的选取是较为合理的。

② 尺寸参数发生矛盾。T_{CS}的油箱本体尺寸可以较准确地测得。若个体的铁芯、绕组等的尺寸与T_{CS}油箱本体尺寸矛盾或不满足绝缘距离要求时，均应淘汰。

约束条件均针对变压器外特性，淘汰此类个体的过程只能在有关计算完成后进行。本研究所设计的优化目标为最小值形式，采用对此类个体赋一充分大的适应度的方法予以淘汰。实际运行结果表明此方法是有效的。

3. 目标函数及适值函数

式（5.6）表明此问题是具有 13 个优化目标的多目标优化问题，采用在T_C中引入"距离"的方法，将此多目标优化问题转化为使"距离"最小的单目标优化问题，通过"距离"定量描述$T_C(Cu, S)$和$T_C(Al, S)$与T_{CS}的接近程度。13 个外特性指标中，除 4 个温升指标为取值越小越好的指标外，其余各指标均为与T_{CS}越接近越好。定义目标函数的形式如下：

$$F = F(P) = \sum_{i=1}^{4} r_i p_i + \sum_{j=1}^{9} r_j \left| p_j - p_{jCS} \right| \qquad (5.6)$$

式中第 1 项为 4 个温升指标，第 2 项为其他 9 个指标，p_{jCS}为T_{CS}中p_j对应的参数。由于第 1 项的存在，目标函数最小值显然不为 0。r_i、r_j为参数p_i、p_j的权系数，均为非负。由于各参数数值差异很大（P_K在10^3数量级，R_{RL}仅在10^{-1}数量级），绝对数值对目标函数的影响程度不同而可能影响种群进化方向。为排除此影响，需将各参数变换到同一数量级下。采用式（5.7）所示方法将实际参数p_j变换为区间（0，1）内的参数：

$$p_i' = \frac{p_i}{10^{[\lg(p_i)]+1}} \qquad (5.7)$$

上式使用了取整函数$f(x) = [x]$，定义为取不大于x的整数。相应地，目标函数定义为：

$$F = F(P) = \sum_{i=1}^{4} r_i p_i' + \sum_{j=1}^{9} r_j \left| p_j' - p_{jCS} \right| \qquad (5.8)$$

权系数根据约束条件和参数本身的特点来决定。因约束条件中已限制了 $I\%$、P_0、P_K、$u_K\%$ 及 R_{RH}、R_{RL} 与 T_{CS} 中对应参数的偏差，相应的权系数可取较小值。温升和重量指标的权系数则应取较大值，以充分反映铜绕组和铝绕组对外特性的影响。但温升指标的权系数过大则会使目标函数收敛值较大，不利于后续对概率的分析计算。重量指标中总重 G_T 可实测，权系数可相应大一些。G_B 和 G_O 与 G_T 有较强关联，权系数应取较小值。综合考虑并经大量实际测试后选定权系数如表 5.3 所示。实际测试证明这样的权系数是比较合理和有效的。测试表明权系数的小范围变化对优化结果 T_C（Cu，S）和 T_C（Al，S）的影响较小。

表 5.3　权系数值

参数	权系数值	参数	权系数值
空载电流百分值 $I_0\%$	0.4	空载损耗 P_0	0.4
负载损耗 P_K	0.4	短路阻抗标幺值 $u_K\%$	0.4
高压相绕组电阻 R_{RH}	1	低压相绕组电阻 R_{RL}	1
铁芯对油温升 $\Delta\theta_{co}$	0.5	高压绕组对油温升 $\Delta\theta_{WHH}$	0.5
低压绕组对油温升 $\Delta\theta_{WHL}$	0.5	油对空气温升 $\Delta\theta_o$	0.5
变压器总质量 G_T	1	器身质量 G_B	0.5
总油质量 G_o	0.5		

按目标函数取最小值的要求进行设计优化，简单地将目标函数作为个体的适值函数会导致适应度高的个体更偏离优化目标。本研究应用的 GA Toolbox 遗传算法工具箱已经妥善解决了此问题，可直接使用目标函数作为个体的适值函数。

5.3.4　对检测方法的研究

本研究需给出对 T_{CS} 与 T_C（Cu）和 T_C（Al）的类属关系的分析结果，应研究计算 T_{CS} 属于 T_C（Cu）和 T_C（Al）的概率值的方法。遗传算法的末代种群可近似反映 T_C（Cu）和 T_C（Al）在 T_C 中的分布。在已找到 T_C（Cu，S）和 T_C（Al，S）的前提下，末代种群必然呈现以 T_C（Cu，S）或 T_C（Al，S）为中心的某种分布，且越接近中心越集中，如图 5.28 所示。

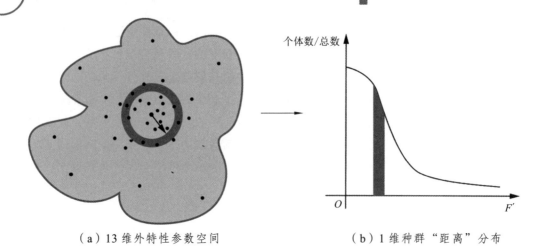

（a）13 维外特性参数空间　　　　　　（b）1 维种群"距离"分布

图 5.28　种群在外特性参数空间和"距离"空间中的分布

末代种群在 13 维空间中分布，且各维度存在较强相关性，采用多变量概率统计方法获取种群空间分布存在极大困难。本研究以不计温升指标的目标函数式（5.9），将 13 维空间的种群分布转化为 1 维"距离"空间中的分布。这里隐含了种群在各维度均为同等分布的假设。根据遗传算法的特点，此假设在 T_C（Cu，S）和 T_C（Al，S）附近的小范围内可认为是成立的。

$$F' = F'(P) = \sum_{j=1}^{9} r_i \left| p_j' - p_{jCS}' \right| \tag{5.9}$$

末代种群在 1 维"距离"空间中的频率分布定义为在距 T_C（Cu，S）或 T_C（Al，S）为 $F' \sim F' + \Delta F'$ 内出现的个体数与总个体数的比值随 F' 的变化。个体数量充分大时可利用频率分布来估计 T_C（Cu）和 T_C（Al）中各点在 $F' \sim F' + \Delta F'$ 内取值的概率，即 T_{CS} 与 T_C（Cu，S）和 T_C（Al，S）的偏差在 F' 附近的概率，此偏差由式（5.9）得出，由此计算出 T_{CS} 在 T_C（Cu）和 T_C（Al）中取值的概率。

图 5.29 示出了某次运行后末代种群的频率分布（共 500 个个体，进化 40 代，均收敛到了各自的最优解）。大量运行结果均表明，上述频率分布呈现较显著的指数分布特征，可用指数分布描述末代种群在参数空间中的分布。铜绕组优化所得的末代种群概率密度为：

$$f_{Cu}(F') = \lambda_{Cu} \exp(-\lambda_{Cu} F') \tag{5.10}$$

铝绕组所得的末代种群概率密度为：

$$f_{Al}(F') = \lambda_{Al} \exp(-\lambda_{Al} F') \tag{5.11}$$

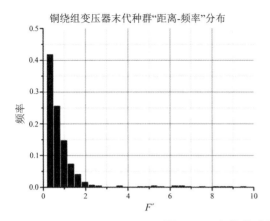
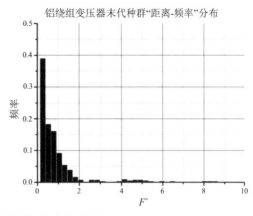

图 5.29 末代种群的"距离-频率"分布

式中, λ_{Cu}、λ_{Al} 根据种群频率分布进行参数拟合得到。被测变压器 T_{CS} 距 T_C (Cu, S)
和 T_C (Al, S) 的距离分别为 F'_{Cu} 和 F'_{Al}, T_{CS} 在铜绕组末代种群中距中心点 F'_{Cu} 附近区
域取值的概率为:

$$P'_{Cu} = f_{Cu}(F'_{Al}) = \lambda_{Cu} \exp(-\lambda_{Cu} F'_{Cu}) \tag{5.12}$$

同理

$$P'_{Al} = f_{Al}(F'_{Al}) = \lambda_{Al} \exp(-\lambda_{Al} F'_{Al}) \tag{5.13}$$

P'_{Cu} 和 P'_{Al} 描述了 T_C (Cu) 或 T_C (Al) 中, 与 T_{CS} 最接近的点在 T_C (Cu) 或 T_C (Al)
中的概率, T_{CS} 属于 T_C (Cu) 或 T_C (Al) 的概率之和为 1, 按下式计算 T_{CS} 属于 T_C (Cu)
或 T_C (Al) 的概率。

$$P_{Cu} = \frac{P'_{Cu}}{P'_{Cu} + P'_{Al}} \tag{5.14}$$

$$P_{Al} = \frac{P'_{Al}}{P'_{Cu} + P'_{Al}} \tag{5.15}$$

变压器设计中, 在 T_D 中选定基础设计参数时, 必然依据已有的工程经验, 使得
T_D 中的每个点被选中的概率不相等。在外特性参数空间中, 设计人员也会有意识地修
改设计方案, 使设计结果更接近于最优值, 使 T_C 中每个点被选中的概率也不相等。上
述概率计算方法与遗传算法的结合, 模拟了设计人员不断修改参数、优化设计方案的
过程, 此算法在一定程度上反映出参数选择的实际情况, 具有一定的合理性。

5.3.5 算法总体设计

本节在前述研究的基础上对算法进行设计。

1. 算法的输入与输出

输入量包括两个方面：被测变压器的铭牌值及外特性参数；设计计算需要应用的各类表格、工艺系数及算法有关参数。与被测变压器相关的输入量包括：

① 铭牌值，额定容量 S_N，高压和低压侧额定电压 U_{NH}、U_{Nl}，联结组标号。这 4 个参数是变压器设计计算的基础参数。

② 油箱和散热器，包括油箱本体尺寸和波纹片的参数。这是计算质量、温升指标的重要依据，也是种群进化过程中重要的约束条件。

③ 质量指标，包括变压器总质量、器身质量和油质量。此参数一般在铭牌上给出，但除总质量外均难以确认。算法中应使用准确可靠的数值，有条件时应至少实测总质量。

④ 电气性能，包括空载性能、负载性能、短路阻抗和高、低压相绕组电阻。算法中采用实测值，并应具备相应的准确度。

与算法本身相关的输入量包括：

① 遗传算法基本参数：种群个体数量、种群世代数、变异概率及交叉概率、代沟等。参数的取值应保证算法可靠收敛并具有较高的效率。大量测试结果表明：种群世代数 40 代以上、个体数量 200 以上时，算法具有较好的稳定性。

② 变压器设计过程中的各种数据表、工艺系数等。

最重要的输出量是概率 P_{Cu} 和 P_{Al}，除此之外还应给出以下结果：

① 最优解的进化过程、适应度进化过程、设计参数的进化过程、末代种群的参数分布情况及两个最优解 T_C（Cu）和 T_C（Al）的详细参数。

② 末代种群的"距离-频率"分布及拟合所得的概率分布。

2. 算法流程

完整算法由 3 部分组成，本部分对此进行简要阐述。

第 1 部分实现映射 $P = P(G)$，是后续算法的基础。依据前面所述变压器设计方法实现此部分。完整的算法流程见图 5.30。对设计结果的校核由约束条件完成，在变压器设计算法中无须考虑。

变压器设计算法的输入量包括变压器的各个额定值、油箱及散热器尺寸等完全确定的参数，以及个体的基因型参数。输出量包括个体的表现型参数及完整的设计方案。

本问题中变压器油箱和散热器尺寸均为已知量，设计算法中不考虑油箱和散热器的尺寸设计。计算是否合理通过约束条件来确定。

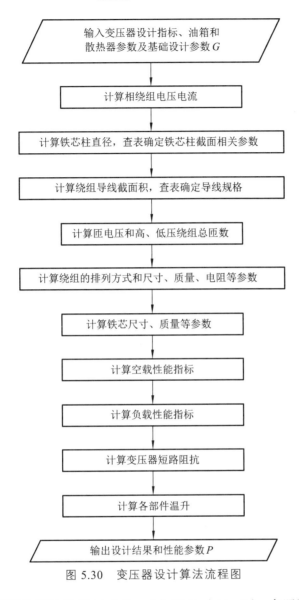

图 5.30　变压器设计算法流程图

第 2 部分应用遗传算法寻找 T_C（Cu，S）和 T_C（Al，S）。参照图 5.30 所示遗传算法基本流程进行设计，流程见图 5.31。采用 2 个不同的初始种群分别在 T_C（Cu）和 T_C（Al）中寻优，2 个种群完全独立，互不影响。

遗传算法部分的输入量包括被测变压器 T_{CS} 的有关参数，通过查表获取相应的变压器性能参数标准值，按前述设计方法从中确定优化目标和约束条件。输出量包括 T_C（Cu，S）和 T_C（Al，S）、各代的最优个体及进化过程、适应值进化过程及末代种群。

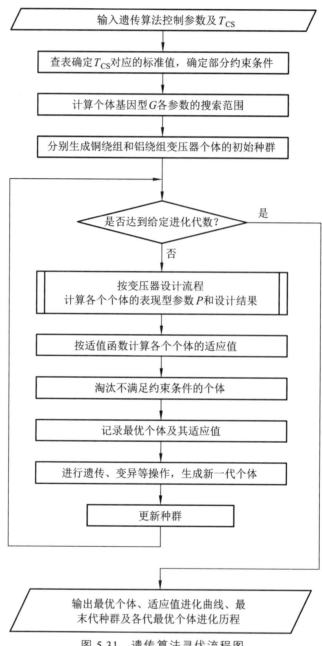

图 5.31　遗传算法寻优流程图

第 3 部分根据 T_{CS}、T_C（Cu，S）、T_C（Al，S）和末代种群计算 P_{Cu} 和 P_{Al}，在前面已经详细阐述，这里不再重复。

5.4 基于遗传算法的检测软件开发与测试

本章应用 MATLAB 语言实现前文所设计的算法，完成检测软件的开发和测试，简要论述开发过程中的若干技术细节。

5.4.1 MATLAB 及其 GUI 工具箱概述

MATLAB 是美国 MathWorks 公司开发的适合算法开发、数据可视化、数据分析及数值计算等领域的高级科学计算语言和开发环境。最早由时任新墨西哥大学教授的 Cleve Moler 于 20 世纪 70 年代开发。1984 年，John Little、Cleve Moler 和 Steve Bangert 创立 MathWorks 公司并发布了 MATLAB 1.0 版本。截至 2015 年 6 月，MATLAB 已经发展到 R2015a，功能也不限于科学计算和数据分析领域，而是扩展到金融数学、工程设计、仪器控制、智能机器人等领域，并得到广泛应用。MATLAB 以矩阵作为基本数据类型，可以方便地描述各类复杂数据，提供了强大的数据可视化功能和多种集成的工具箱，大大提高数据分析的准确度和效率。MATLAB 语言类似于 C 语言，提供大量的高级函数和功能用于处理复杂数据和实现复杂逻辑，科研人员和工程技术人员能够专注于对方法的研究而较少受语言约束。MATLAB 以其简单易学、功能强大等特点已经成为应用最为广泛的科学计算软件。

MATLAB 具有的 GUI（Graphical Users Interface，用户图形接口）工具箱，提供了基于 MATLAB 语言进行软件开发的完整解决方案。GUI 工具箱提供了一套基于 OOP（Object Oriented Programming）技术实现交互的预定义控件。应用 GUI 工具箱，开发者几乎只需专注于实现软件的算法和功能即可简单快捷地设计出界面友好、功能完善的软件。MATLAB 也提供了对所设计的软件进行独立编译并实现脱离 MATLAB 软件运行（需要相应的 MATLAB Compiler Runtime 支持）的工具 Deploytool，开发人员可应用此工具以.exe 可执行程序集的形式发布所开发的软件。

5.4.2 检测算法的 MATLAB 实现

基于 MATLAB 语言实现遗传算法的软件工具包主要有英国 Sheffield 大学的 GA Toolbox 和 MATLAB Global Optimization Toolbox 等。GA Toolbox 提供各种预定义遗传算法函数供使用者使用并可二次开发，Global Optimization Toolbox 提供集成的遗传算法功能，难以二次开发。本研究应用 GA Toolbox 实现前述算法和软件开发，有关函数示见表 5.4。

表 5.4　软件中应用到的 GA Toolbox 工具箱有关函数

函数名	功　能
crtbp	在给定搜索域和编码方式下创建具有指定个体数的离散随机种群
bs2rv	二进制编码到十进制基因型的变换
ranking	根据个体的适应度对个体进行排序，将个体重插入种群
select	从种群中按特定方法选择出参与遗传过程的个体
recombin	交叉算子
mut	变异算子
reins	将子代个体插入种群，实现种群更新

　　GA Toolbox 应用二进制编码方式对基因型进行编码，函数 crtbp 按指定的种群个体数和编码位数随机生成二进制编码。基因型的二进制编码到对应十进制值的变换由函数 bs2rv 在给定取值范围下完成。函数 ranking 根据适应值对个体进行排序并计算适应度，本研究采用简单线性排序方法。函数 select 根据个体适应度选择部分个体参与遗传过程，选择方法包括轮盘法 rws 和随机遍历法 sus 两种，在调用函数时指定。本软件采用轮盘法，实际测试表明两种方法能够得到一致的结果。交叉算子 recombin 按给定的交叉概率重组亲代个体得到子代个体，提供离散重组 recdis、线性重组 recline、两点交叉 xovdp 等算子供选用，本软件采用两点交叉算子。变异算子 mut 按给定变异概率实现基因型的随机改变，提供离散变异 mut、实值变异 mutbgs 等方法，本软件采用离散变异方法。函数 reins 实现种群更新，提供均匀选择插入和按适应度选择插入方法，本软件中采用基于适应度的选择插入方法。

　　GA Toolbox 中的预定义函数均对个体基因型和适应度进行处理，不涉及基因型到表现型的变换过程，且只能处理简单数据类型。为将图 5.30 和图 5.31 所示算法设计结果与 GA Toolbox 已有功能相结合，利用相关文献中提供的参考代码框架，应用遗传算法实现在 T_C（Cu）和 T_C（Al）中寻找 T_C（Cu，S）和 T_C（Al，S）的核心程序流需进行以下调整：

　　（1）GAToolbox 中根据个体适应值进行后续计算，应统一编写有关函数并在上层函数中调用，不能采用逐步计算的方法。本软件中由函数 GoalFunction.m 及其子函数 TransformerDesigner.m 和 FitnessFunction.m 共同实现此功能。

　　（2）GA Toolbox 中除参数搜索空间需事先确定外，并未引入约束条件，但本问题中个体应当满足前文所述约束条件，为此在函数 FitnessFunction.m 中引入约束，并对不满足约束条件的个体直接赋充分大的适应度值，在上层函数中实现个体的淘汰。

（3）GA Toolbox 以矩阵和数组方式对个体进行操作，但本软件中个体采用了 MATLAB *Structure*（结构体）型数据和 *Cell*（细胞）型数据以降低编程复杂度，为此需编写有关程序实现数据转换。

此外，GA Toolbox 以矩阵方式对种群进行整体处理，作为整个算法基础的变压器设计函数，*TransformerDesigner.m* 只能按单个数据方式编写并返回单个对象，需要编写有关的数据重组和转换程序。

在概率计算部分需对末代种群进行统计分析。应用 MATLAB 曲线拟合函数 *fittype.m* 和 *fit.m* 对种群分布函数进行拟合。此函数提供了基于离散数据点和自定义表达式的参数拟合功能，可直接使用。

5.4.3　软件的整体结构、界面及附属功能

1. 数据结构及函数

软件反映的对象包括变压器及其部件、遗传算法的个体及种群等，涉及变量数量较多，尤其是变压器设计中各变量之间存在紧密的联系。为尽可能满足结构化、简化开发过程和便于维护等要求，应用 MATLAB 的 *Structure*（结构体）和 *Cell*（细胞矩阵）数据类型有效组织大量变量。

按结构化程序设计方法，共编写 58 个。*m* 脚本及函数用于实现前述算法及软件功能，脚本及函数文件均提供完善的可复用外部接口。表 5.5 是部分重要程序的脚本和函数名及其功能。

表 5.5　主要脚本和函数的名称及功能

脚本或函数名	主要功能
TransDetection	主程序
Initialization	初始化，载入相关数据表格
FindStandardProperty	查国家标准表获取标准性能参数
GAAnalyzer	遗传算法主程序
TransformerDesigner	变压器设计计算主程序
FitnessFunction	按适值函数和约束条件计算适应度
CreateReport	生成检测报告
DrawGraph	生成相关图表

脚本或函数名	主要功能
WireParameter	按截面积设计值查表确定导线规格
CoreStructure	计算铁芯的结构尺寸
CoreOilTemperature	计算铁芯对油温升
Impendance	计算短路阻抗
WindingRadius	计算绕组半径
Probability	计算概率值

软件主函数为 *TransDetection.m*，在 GUI 界面通过控件回调函数实现界面和算法的结合。根据使用者操作，主函数调用子函数完成相应的分析计算、结果输出等过程。函数的调用关系见图 5.32。

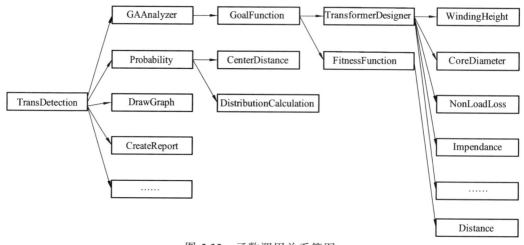

图 5.32　函数调用关系简图

2. 软件界面

软件界面如图 5.33 所示，数据输入区集中在左侧，结果输出和各个命令按钮集中在右侧。采用蓝、白两色为主的配色方案，均应用 MATLAB GUI 标准控件。

3. 软件的附属功能

在用户友好性基础上,结合实际可能对软件本身提出的要求增加了部分附属功能。这些功能不属于核心内容，但能使软件功能更加完善。

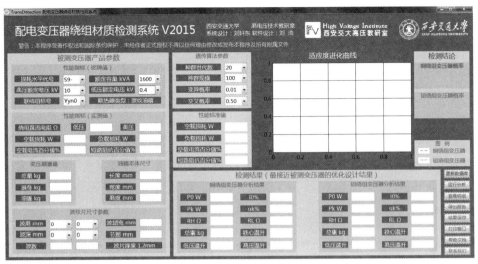

图 5.33　软件界面

　　软件提供种群进化过程和末代种群的图形化显示功能，图 5.34～图 5.39 为对某 10 kV、500 kVA 变压器进行分析后显示的各图表，此分析中算法成功找到了铜绕组和铝绕组变压器的最优解，并给出了相应的概率值（$P_{Cu} = 0.48$、$P_{Al} = 0.52$）。图 5.34 是每代种群中最优个体的适应值进化曲线，表征种群的收敛过程。

　　图 5.35～图 5.39 是基因型参数优化过程，显示最优解的演化历史，明显看出在经历较多进化代数后，基因型参数已收敛到稳定的数值。图 5.40～图 5.41 示出了末代种群在外特性参数空间中的分布，明显看出其在最优解附近很集中，可认为最优解附近的分布是均匀的。图 5.42 是根据前文方法给出的末代种群"距离-频率"分布和概率拟合的结果。

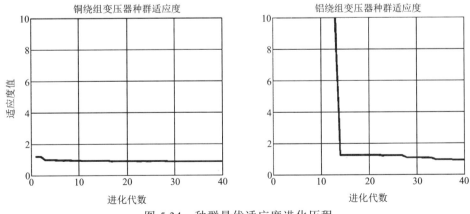

图 5.34　种群最优适应度进化历程

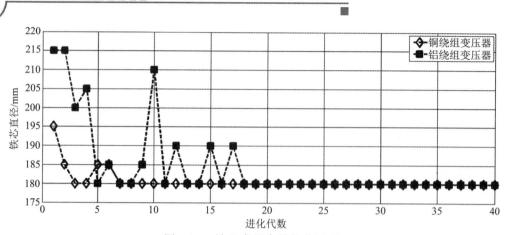

图 5.35　铁芯直径参数优化过程

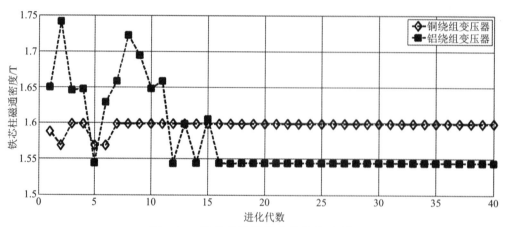

图 5.36　铁芯磁通密度参数优化过程

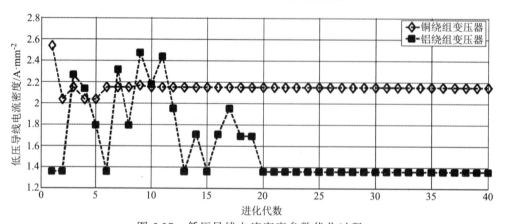

图 5.37　低压导线电流密度参数优化过程

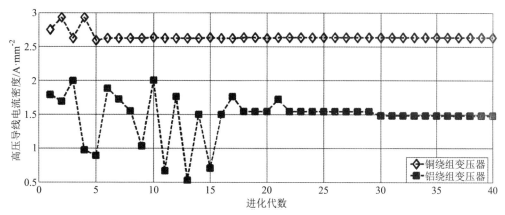

图 5.38　高压导线电流密度参数优化过程

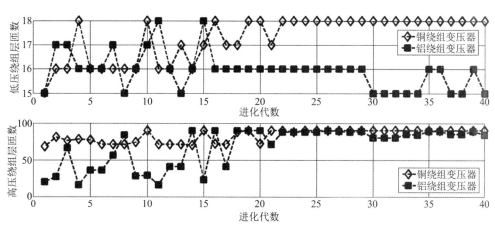

图 5.39　高低压绕组层匝数参数优化过程

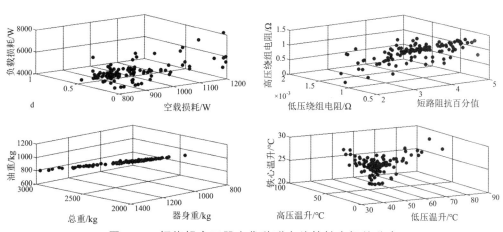

图 5.40　铜绕组变压器末代种群在外特性空间的分布

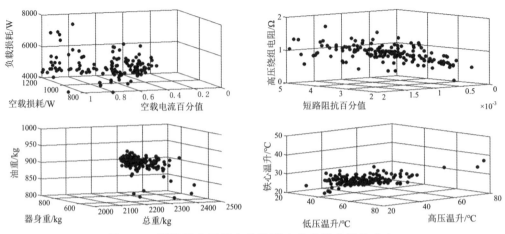

图 5.41　铝绕组变压器末代种群在外特性空间的分布

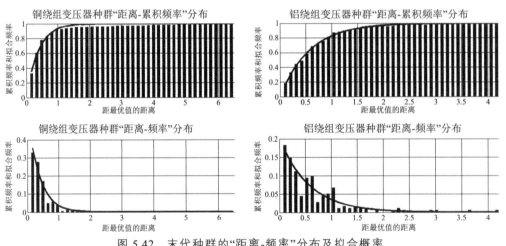

图 5.42　末代种群的"距离-频率"分布及拟合概率

软件提供了导出.doc 格式检测报告的功能模块，除给出概率计算结果外，还给出 T_C（Cu，S）、T_C（Al，S）的详细结果和主界面运行图；提供了利用.com 对象借助 MATLAB 生成 Word 文档的方法，函数 CreateReport.m 为应用该方法编写的导出检测报告的函数。

完成编写和测试后，应用 MATLAB pcode 工具将所有的.m 文件编译为 MATLAB 运行时语言，即.p 文件。编译为.p 文件后，任何使用者均可通过 help 指令查看文件头了解该函数的使用方法并使用该函数，但不能查看源代码。使用者几乎不可能通过反汇编方法从.p 文件得到原始的.m 文件，实现了保护源代码的要求。

5.4.4 软件的性能测试

软件的性能包括时空复杂度和算法的稳定性。时间复杂度用运行时间来衡量，空间复杂度用算法运行占用的内存空间来衡量，可利用 MATLAB 测试工具 profile.m 评估时空复杂度。在同一输入情况下调整遗传算法的有关控制参数，得到时间复杂度和空间复杂度测试结果。

图 5.43 和图 5.44 给出了种群个体数和进化代数对算法性能的影响。测试在 1 台 Lenovo G470 笔记本计算机上进行，已尽可能排除计算机上其他进程的影响。

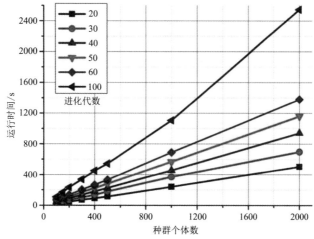

图 5.43　时间复杂度测试结果

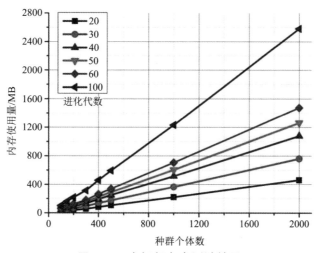

图 5.44　空间复杂度测试结果

算法的稳定性描述了在完全相同的输入情况下，输出的结果具有一致性的特性。遗传算法具有一定的随机性，相等的输入值下各次输出结果一般不相等，但多次运行后给出的结果不应出现较大的变动，以保证结论具有一定的可靠性。图 5.45 给出了在相同测试条件和输入量的情况下不同种群个体数和不同进化代数对最终结果的影响。图 5.46 给出了相同输入量和相同参数下多次重复运行对最终结果的影响。

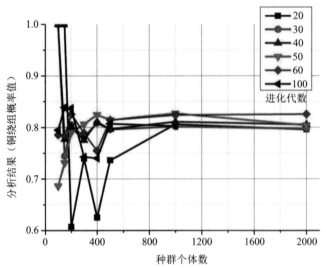

图 5.45　算法稳定性测试（相同输入，不同控制参数，单次运行）

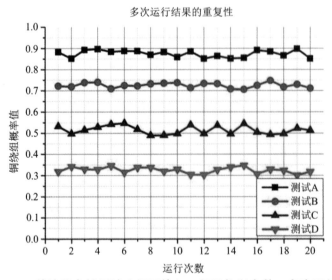

图 5.46　算法稳定性测试（相同输入，相同控制参数，多次运行）

可以看出，在种群个体数和进化代数均较小时，因进化过程不充分，尚未找到较好的解时算法即已终止而出现错误计算结果。当种群个体数和进化代数均很大时，算法能够给出较满意的结果，但时空复杂度太高，算法效率很低。算法稳定性与复杂度之间存在矛盾，应当综合选取控制参数以获取较好的综合性能。大量测试结果表明，本软件中算法控制参数在种群个体数 200～400、进化代数 40～80 时，能够以较少的时间和空间消耗输出较一致的结果，对大量测试数据给出的概率值的波动均在 5%以内。

遗传算法中交叉概率和变异概率的取值也会对算法的性能造成影响，交叉概率应当取较大值而变异概率应当取较小值。交叉概率过小则历代种群之间的差异降低，运行结果受初始种群的影响相应加强，不利于全局寻优。变异概率过大则不利于保留适应度较高的个体，收敛过程相应变慢，且更容易陷入局部最优。图 5.47～图 5.49 给出了在种群个体数为 300、进化代数为 30 时，同一输入量下种群适应度收敛过程随不同交叉概率和变异概率的变化。测试用输入量为根据变压器设计方法严格计算出的 1 台铜绕组变压器，各次分析中铝绕组种群均未能成功收敛，图中只给出了铜绕组种群的收敛曲线。

显然交叉概率与变异概率对种群收敛过程的影响趋势与上述结论相符。根据大量的测试结果，本软件中交叉概率在 0.75～0.9、变异概率在 0.02～0.05 间取值时，种群收敛性较好。

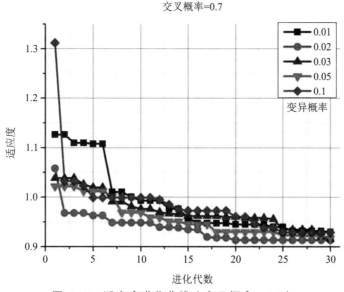

图 5.47　适应度进化曲线（交叉概率 = 0.5）

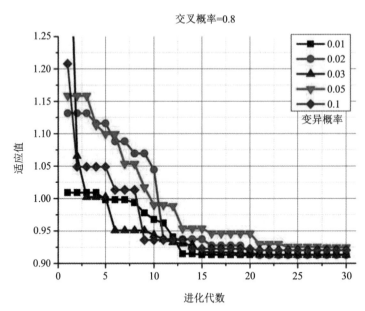

图 5.48 适应度进化曲线（交叉概率 = 0.8）

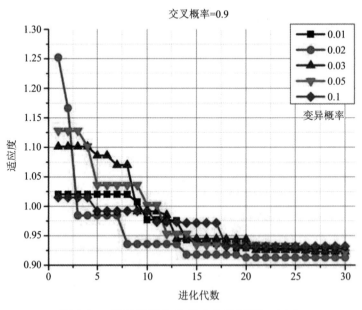

图 5.49 适应度进化曲线（交叉概率 = 0.9）

大量测试表明，遗传算法各参数在上述范围内取值时，对同一输入量，算法给出的概率值具有较好的稳定性和一致性。在概率值相差较大的所有测试结果中，均未出现概率值大小发生反转的情况，能够给出可靠的结果，算法具有足够的稳定性。在概率值相差不大（相差 0.1 以下）的测试结果中，概率值大小发生反转的可能性较高，此时进入了 T_C（Cu）和 T_C（Al）的重叠区域，因概率计算方法本身的缺陷和遗传算法固有的随机性，导致概率值计算结果出现反转。在此情况下，可以有充分的理由认为被测变压器绕组或其他部件存在问题。

5.5　反推演算法验证

5.5.1　铜变压器计算验证

在对云南电网新购配变到货抽检、厂商抽检、各供电局在运配变故障分析等工作中，实际运用了基于反推演算的材质鉴别技术。在抽检工作中，以商函的方式向厂商索要了配变结构参数；在故障分析工作中，除了跟厂方索要外，还实测了部分结构参数。向厂商索要配变参数的商函和回复函如图 5.50 和图 5.51 所示。

关于收集配变抽检所需参数的函

合肥ABB变压器有限公司：

　　受云南电网公司委托，云南电网公司品控技术中心（挂靠在云南电网公司电力科学研究院管理）承担本次配变的到货抽检任务。根据抽检方案，需对部分抽检配变进行体积、容量、材质校核，务请贵公司提供以下三台供货配变（铭牌参数见图1~3）的相关信息，信息提供方式见下表。

　　提交时间： 2014年11月19日18：00之前

　　联 系 人： 刘XX

　　联系电话： 187087XXXXX

云南电网公司电力科学研究院

2014年11月14日

图 5.50　向厂方索要配变参数的商函

表 1 供货配变参数

配变型号	铁芯参数						线圈参数								
							高压线圈					低压线圈			
	硅钢片截面种类（圆形、椭圆形、腰圆形等）	铁轭和柱的截面是否相同（相同形、D形轭）	硅钢片截面积	窗高	中心距	完整的铁芯图纸（附件形式提供）	高压线圈所用材料（铜箔或铜线）	高压线圈线规尺寸	高压线圈的匝数	高压线圈层数	高压线圈并绕根数	低压线圈所用材料（铜箔或铜线）	低压线圈线规尺寸	低压线圈的匝数	低压线圈层数	低压线圈并绕根数
S13-M-315/10	椭圆形	相同	242.0cm²	380mm	285mm	见附件	铜线	Φ2.24mm	1319	11	1	铜箔	350×0.5mm	29	29	1
S13-M-200/10	椭圆形	相同	210.0cm²	330mm	265mm	见附件	铜线	Φ1.8mm	1591	12	1	铜箔	300×0.4mm	35	35	1
S13-M-100/10	腰圆形	相同	114.0cm²	350mm	220mm	见附件	铜线	Φ1.4mm	2909	15	1	铜线	3.75×8.5mm	64	2	2

图 5.51 向厂方索要配变参数的回复函

基于获取到的配变结构参数，先后对 18 台配变进行了反推演算，简要情况如表 5.6 所示。

表 5.6 配变反推演算清单

序号	型号	厂商	出厂序号	产品代号	存在问题	校核情况	备注
1	S13-M-100/10	合肥 ABB 变压器有限公司	140940/012		入网抽检	参照图纸推演未见异常	
2	S13-M-200/10	合肥 ABB 变压器有限公司	140869/019		入网抽检	参照图纸推演未见异常	2014 年 11 月配变抽检项目
3	S13-M-315/10	合肥 ABB 变压器有限公司	140798/008		入网抽检	高压对地距离较小，增加冲击试验；低压温升较高，增加温升试验；测量结果满足要求。推测：高压线圈端部与地之间应该增设了绝缘纸板，低压线圈应该有半油道	

续表

序号	型号	厂商	出厂序号	产品代号	存在问题	校核情况	备注
4	S13-M-50/10	广东广特电气有限公司	14GTP04979	1GT.710.4172	入网抽检	参照图纸推演未见异常	2014年11月配变抽检项目
5	S13-M-200/10	广东广特电气有限公司	14GTP06058	1GT.710.4178	入网抽检	参照图纸推演未见异常	
6	S13-M-315/10	广东广特电气有限公司	14GTP05809	1GT.710.4180	入网抽检	参照图纸推演未见异常	
7	SCB11-800/10.5	东莞市康德威变压器有限公司	2014KDWG015	1KD.710.1913	入网抽检	参照图纸推演未见异常	
8	SH15-M-50/10	广东华力通变压器有限公司		5HLT.641.121	厂商抽检	参照图纸推演未见异常	
9	S13-M-100/10	南京立业电力变压器有限公司	150252	1NB.710.Q0277.54GW	厂商抽检	参照图纸推演未见异常	2015年1月配变抽检项目
10	S13-M-200/10	南京立业电力变压器有限公司	150312	1NB.710.Q0280.54GW	厂商抽检	参照图纸推演未见异常	
11	S13-M-400/10	南京立业电力变压器有限公司	150082	1NB.710.Q0283.34GW	厂商抽检	参照图纸推演未见异常	
12	SH15-M-200/10	云南通变电器有限公司	142929	5TB.600.K00177	厂商抽检	参照图纸推演未见异常	

续表

序号	型号	厂商	出厂序号	产品代号	存在问题	校核情况	备注
13	SH15-M-400/10	云南通变电器有限公司	150118	5TB.600.K00086	厂商抽检	参照图纸推演未见异常	
14	S11-M-50/10	云南通变电器有限公司	8202	1TB.710.23131	废弃配变解体检查	根据实测数据，推演未见异常	2015年1月昆明供电局西山分局烧毁配变检查
15	S11-M-315/10.5	云南变压器股份有限公司	T05-634	MOB4906	废弃配变解体检查	根据实测数据，推演未见异常	
16	S13-M-160/10	广东广特电气有限公司	14GTP00691	1GT.710.4177	配变烧毁调查分析	计算高压层间绝缘裕度不足，解体后发现高压层间绝缘纸厚度小（0.075 mm）/张数少（2长2短）	2015年2月大理南涧配变烧毁调查
17	S13-M-160/10	广东广特电气有限公司	14GTP00104	1GT.710.4177	配变烧毁调查分析	计算高压层间绝缘裕度不足，解体后发现高压层间绝缘纸厚度小（0.075 mm）/张数少（2长2短）	
18	S13-M-500/10	广东科源电器有限公司	13KY8541H	1KY.710.T2013H	配变烧毁调查分析	解体后发现铁芯为贴牌（广州华力通），高压层间绝缘纸厚度为0.08 mm/张数（最外最内为4张，其余均为3张）	昆明供电局配变烧毁调查（修试所）

根据计算结果,这些配变材质均是铜材质(对于故障、老旧配变已实地解体检查),计算结果与铭牌参数(实测)基本符合,部分计算对比结果如表 5.7 所示。图 5.52 和图 5.53 分别是南京企业 S13-M-200/10(150312)计算单和大理南涧、昆明修试所、呈页分局故障配变解体。

表 5.7　配变反推演算清单

型号	厂商	出厂序号	短路阻抗 /%		负载损耗 /W		空载损耗 /W		油面温升 /K		器身质量 /kg		总质量 /kg	
			铭牌	计算	标准	计算	标准	计算	标准	计算	铭牌	计算	铭牌	计算
S13-M-100/10	南京立业	150252	4.08	3.79	1 580	1 513	150	126	55	44	340	320	515	532
S13-M-200/10		150312	4.12	3.94	2 730	2 698	240	248	55	50	535	558	785	806
S13-M-400/10		150082	3.99	3.68	4 520	4 350	410	404	55	50	890	901	1 255	1 282
S13-M-160/10	广特电气	14GTP00691	4.11	4.04	2 310	2 247	280	221	55	41	543	540	751	832
S13-M-160/10		14GTP00104	4.13	4.04	2 310	2 247	280	221	55	41	543	540	751	832
S13-M-500/10	广东科源	13KY8541H	3.82	3.86	5 410	5 691	480	445	55	49	1 005	1 009	1 690	1 705

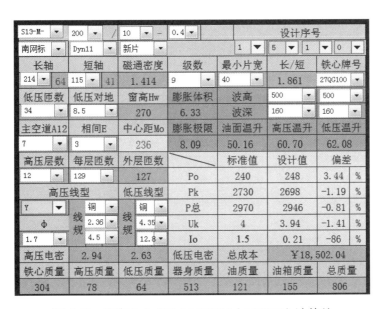

图 5.52　南京立业 S13-M-200/10(150312)计算单

图 5.53　大理南涧、昆明修试所、呈贡分局故障配变解体

5.5.2　铝变压器计算验证

根据项目调研情况，广东及浙江存在较多以铝代铜的生产商及使用者。结合项目合作单位在运配变修复工作，项目组先后对广东电网辖区内换下的几台在运配变开展鉴别工作，以验证基于反推演算的配变绕组材质鉴别方法的有效性和可靠性。

1. #1 配变

（1）配变基本信息。

配变基本信息如表 5.8 所示。配变铭牌如图 5.54 所示。

表 5.8　110409202B 配变铭牌参数

项目	参数	项目	参数
型号	S11-M-250/10.5	额定容量/kVA	250
额定电压/kV	10.5	额定电流/A	13.75
短路阻抗	3.88%	总质量/kg	1 000
器身质量/kg	660	油质量/kg	215
出厂序号	110409202B	设计代号	1ZP.710.001
生产时间	2012 年 6 月	制造厂家	广东中鹏电气有限公司

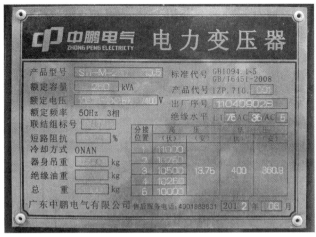

图 5.54   110409202B 配变铭牌

　　该配变运行于广东电网公司开平供电局辖区，2012 年投运至今，因线路改造将该变压器换下，铭牌参数标示为铜材质。

　　（2）配变反推演算。

　　根据项目的前期工作积累，从外观、厂家等方面，怀疑该台配变可能是铝材质。因此，通过非正常的渠道，向厂家索要到配变部分数据，如图 5.55 所示。

配变型号	铁芯参数						线圈参数								
							高压线圈					低压线圈			
	硅钢片截面种类（圆形、椭圆形、腰圆形等）	铁轭和柱的截面是否相同（相同形，D形轭）	截面积	窗高	中心距	硅钢片规格（列出片宽及叠厚）	完整的铁芯图纸	高压线圈线规尺寸	高压线圈匝数	高压线圈层数	高压线圈并绕根数	高压线圈图纸	低压线圈线规尺寸	低压线圈的匝数	低压线圈层数	低压线圈并绕根数	低压线圈图纸
S11-W-250/10.5（110409202B）	椭圆	相同形	224	440	270	110×135 105×17.5 100×6 90×7 80×5.5 70×5 60×2.5 40×6	不能提供	φ2.8	1 500	12	1	不能提供	3.45×7.5	33	2	2×2	不能提供

图 5.55   110409202B 配变厂家提供的参数

根据从厂方获取到的配变结构参数及铭牌参数，对该配变进行反推演算，对比结果如表 5.9 所示。

表 5.9   110409202B 配变初算结果对比

项目	标准要求值	铭牌值	计算值	计算值与标准值偏差
空载损耗	400 W	/	390 W	− 2.42%
空载电流	0.8%	/	0.26%	− 67.5%
负载损耗	3 200 W	/	1 898 W	− 40.7%
短路阻抗	4%	3.88%	3.71%	− 7.19%
总损耗	3 600 W	/	2 288 W	− 36.4%
油面温升	55 K	/	36.7 K	− 33.3%
器身质量	/	660 kg	870 kg	210 kg
油质量	/	215 kg	175 kg	40 kg
总质量	/	1 000 kg	1 242 kg	242 kg

根据计算结果，发现负载损耗、空载损耗、温升等等性能参数远优于标准要求值。从生产者的角度来说，考虑产品性能满足要求的情况下，为追求利益最大化，一般不会出现这种大幅优于要求值的情况。因此，项目组人员于 2015 年 10 月 28 日在广东开平对该配变进行实测、解体检查。

（3）配变现场检查。

该配变外观（见图 5.56）未见明显异常，解体后发现：① 高压绕组为铝材质，分接开关引线为铜材质，通过铜-铝焊接完成连接，如图 5.57 所示。② 低压绕组为铝材质，引线排为铜材质，通过铜-铝焊接完成连接，如图 5.58 所示。

图 5.56   110409202B 配变外观

图 5.57 110409202B 配变高压线圈

图 5.58 110409202B 配变低压线圈

为验证基于结构参数反推演算进行材质鉴别方法的有效性，项目组人员对该配变的常规试验、外形尺寸及内部结构参数进行实测，如图 5.59 所示，结果见表 5.10。

图 5.59 110409202B 配变参数测量

表 5.10　110409202B 配变实测数据

配变编号：110409202B			
检测地点：广东开平			
检测时间：2015.10.28		环境温度：30.7 ℃　　湿度：68%RH	
外形尺寸			
油箱长/mm	877	油箱宽/mm	462
油箱高/mm	806	波高/mm	600/600
波深/mm	130/130	波数	17/8
节距/mm	45	波翅宽/mm	6
电气性能实测参数			
高压直流电阻/Ω	6.50	低压直流电阻/Ω	0.003 61
空载损耗/W	403.4	空载电流/%	0.271
负载损耗/W	3169	短路阻抗/%	3.85
内部结构参数			
窗高/mm	440	中心距/mm	270
铁芯长/短轴/mm	237/110	铁芯级数	8
铁芯片宽/mm	110/105/100/90/80/70/60/40	铁芯叠厚/mm	135/17.5/6/7/5.5/5/2.5/6
高压线规/mm^2	$\phi2.8$	低压线规/mm^2	4.75×10.6
高压匝数	1 500	低压匝数	33
高压层数	12	低压层数	2
高压油道	0	低压油道	0
线圈高度/mm	410	线圈内径/mm	244/114

（4）基于实测参数的计算。

根据实测数据，利用项目所述的基于结构参数的反推演算方法，对该配变进行计算，得到如表 5.11 所示的数据。

表 5.11　110409202B 配变验证计算结果对比

项目	实测值 （铭牌值）	计算值 （假设全铜）	计算值 （假设高压为铝）	计算值 （假设全铝）
空载损耗	403.4 W	390 W	390 W	390 W
空载电流	0.271%	0.26%	0.26%	0.26%
负载损耗	3 169 W	1 898 W	2 545 W	3 231 W
短路阻抗	3.85%	3.71%	3.77%	3.86%
总损耗	/	2 288 W	2 935 W	3 621 W
油面温升	/	36.7 K	44.1 K	52.1 K
器身质量	660 kg	922 kg	742 kg	669 kg
油质量	215 kg	175 kg	194 kg	195 kg
总质量	1 000 kg	1 242 kg	1 080 kg	1 008 kg

可以看出，基于结构参数的反推演算，得到的结果与实际情况吻合，只有将配变绕组作为铝材质考虑时，计算结果才与实测数据相符。图 5.60 为 110409202B 配变计算单。

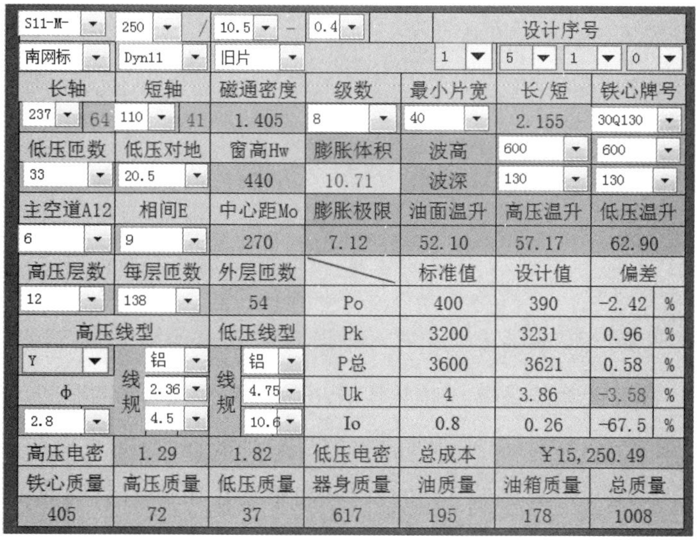

图 5.60　110409202B 配变计算单

2. #2 配变

（1）配变基本信息。

配变基本信息如表 5.12 所示。配变铭牌如图 5.61 所示。

表 5.12　0932 配变铭牌参数

项目	参数	项目	参数
型号	S11-M-315/10	额定容量/kVA	315
额定电压/kV	10	额定电流/A	18.19
短路阻抗	—	总质量/kg	1342
器身质量/kg	850	油质量/kg	245
出厂序号	0932	设计代号	1XB.710.210
生产时间	2004 年 6 月	制造厂家	广州市新里程变压器有限公司

图 5.61　0932 配变铭牌

该配变运行于广东电网公司清远供电局辖区，属于客户设备，因线路改造将该变压器换下，铭牌参数标示为铜材质。

（2）配变试验检查。

在进行性能参数测试时发现该配变短路阻抗、负载损耗远大于标准要求值（短路阻抗达 4.6%、负载损耗 4.9 kW，标准要求值分别为 4%、3 830 W），为性能不合格产品，如表 5.13 所示。

表 5.13　0932 配变实测结果

项目	标准要求值	铭牌值	实测值	实测值与标准值偏差
空载损耗	480 W	/	527.5 W	+9.90%
空载电流	1.4%	/	0.457 6%	−67.3%
负载损耗	3 830 W	/	4 947 W	29.16%
短路阻抗	4%	/	4.597%	+14.9%
高压相电阻平均值	/	/	5.56 Ω	/
低压相电阻平均值	/	/	3.64 mΩ	/

　　根据实测结果（见图 5.62），损耗及阻抗异常，需要结构参数进一步进行计算，但因产品比较老旧，厂家也无法提供相关的参数。参考经验及设计手册，结合以往的计算实例，对该配变进行模糊计算，反复修正，无法给出既满足设计要求、又与实测数据相符的情况，因此，项目组人员于 2015 年 10 月 30 日在广东开平对该配变直接进行解体检查。

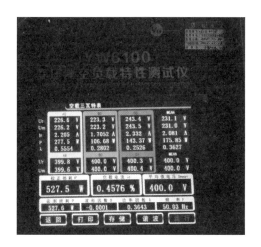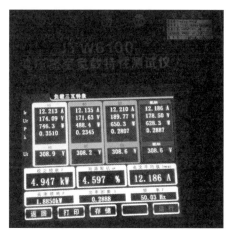

图 5.62　0932 空负载测试结果

（3）配变现场检查。

　　该配变外观（见图 5.63）未见明显异常，解体后发现绕组装配时间与铭牌时间对不上，绕组上的标示为 2009 年 7 月 14 日装配，而铭牌为 2004 年 6 月生产。

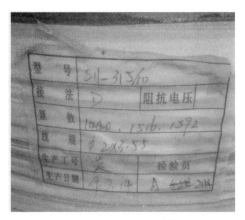

图 5.63　0932 配变外观

解体后发现高压绕组、低压绕组均为铝材质，引接线采用铜线，之间通过铜铝焊接完成连接，如图 5.64~图 5.65 所示。

图 5.64　0932 配变高压线圈

图 5.65　0932 配变低压线圈

　　为验证基于结构参数反推演算进行材质鉴别方法的有效性，项目组人员对该配变的外形尺寸及内部结构参数进行实测（见图 5.66），结果见表 5.14。

图 5.66　0932 配变参数测量

表 5.14　0932 配变实测数据

配变编号：0932			
检测地点：广东开平			
检测时间：2015.10.3		环境温度：30 ℃	湿度：65% RH
外形尺寸			
油箱长/mm	1 008	油箱宽/mm	397
油箱高/mm	960	波高/mm	700/700
波深/mm	170/170	波数	19/6
节距/mm	45	波翅宽/mm	10
内部结构参数			
窗高/mm	465	中心距/mm	315
铁芯长、短轴/mm	$\phi163$	铁芯级数	7
铁芯片宽/mm	160/150/130/110/90/70/40	铁芯叠厚/mm	49/13.5/15/11/6.5/5.5/7
高压线规/mm²	2×3.55	低压线规/mm²	4×10.6　2 并 2 叠
高压匝数	1 516	低压匝数	35
高压层数	15	低压层数	2
高压油道	1	低压油道	0
线圈高度/mm	445	线圈内径/mm	170

（4）基于实测参数的计算。

根据实测的数据，利用项目所述的基于结构参数的反推演算方法，对该配变进行计算，得到如表 5.15 所示数据。

表 5.15　0932 配变验证计算结果对比

项目	实测值（铭牌值）	计算值（假设全铜）	计算值（假设高压为铝）	计算值（假设全铝）
空载损耗	527.5 W	511.2 W	511.2 W	511.2 W
空载电流	0.457 6%	0.27%	0.27%	0.27%
负载损耗	4 947 W	2 992 W	3 926 W	5 092 W
短路阻抗	4.597%	4.677%	4.748%	4.858%
油面温升	/	37.8 K	45.2 K	54.0 K
器身质量	850 kg	943 kg	750 kg	672 kg
油质量	245 kg	300 kg	333 kg	347 kg
总质量	1 342 kg	1 442 kg	1 282 kg	1 218 kg

可以看出，结合实测数据计算，得到的结果与实测情况相符，只有将配变绕组作为铝材质考虑时，计算结果才与实测数据相符。

需要注意的是，该配变内外标示时间不一致，计算的性能不合格、实测电气性能也不合格，最可能的原因是原配变烧毁，修复时更换了器身，但仍沿用以前的铭牌，因此造成内外时间对不上；另外，更换的器身设计不合理，造成性能不达标，因属用户工程，未被重视。图 5.67 为 0932 配变计算单。

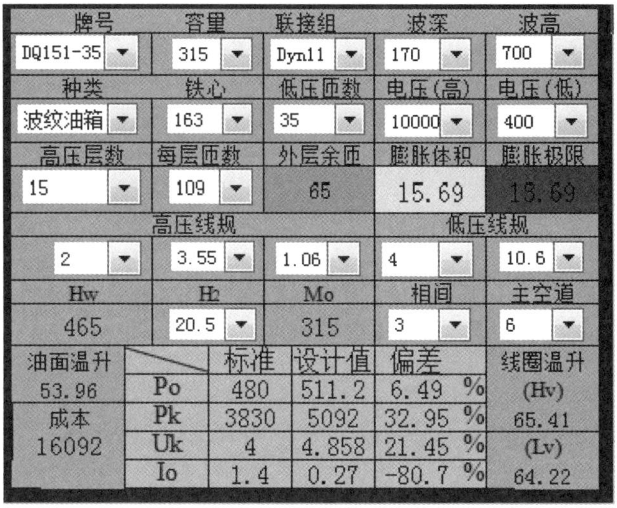

图 5.67　0932 配变计算单

3. #3 配变

（1）配变基本信息。

配变基本信息如表 5.16 所示。配变铭牌如图 5.68 所示。

表 5.16　08Y020-03 配变铭牌参数

项目	参数	项目	参数
型号	S11-M-315/10	额定容量/kVA	315
额定电压/kV	10	额定电流/A	18.19
短路阻抗	3.81%	总质量/kg	1354
器身质量/kg	880	油质量/kg	230
出厂序号	08Y020-03	设计代号	1916M
生产时间	2008 年 11 月	制造厂家	佛山佛盛电气有限公司

08Y020-03 配变铭牌如图 5.68 所示。

图 5.68　08Y020-03 配变铭牌

该配变运行于广东电网公司云浮供电局辖区，2008 年投运，因存在故障委托给变压器公司进行修复。

（2）配变现场检查情况。

该配变外观（见图 5.69）未见明显异常，因配变已损坏，已不能进行性能参数测试，因此对其直接进行解体，解体后发现线圈已变形，高压绕组均为铝材质，如图 5.70 所示。

图 5.69　08Y020-03 配变外观

图 5.70   08Y020-03 配变高压线圈

为验证基于结构参数反推演算进行材质鉴别方法的有效性，项目组人员对该配变的常规试验、外形尺寸及内部结构参数进行实测，结果见表 5.17。

表 5.17   08Y020-03 配变实测数据

配变编号：08Y020-03			
检测地点：广东开平			
检测时间：2014.11.28			
外形尺寸			
油箱长/mm	880	油箱宽/mm	420
油箱高/mm	970	波高/mm	700
波深/mm	230	波数	16
节距/mm	45	波翅宽/mm	6
内部结构参数			
窗高/mm	570	中心距/mm	270
铁芯长、短轴/mm	200/130	铁芯级数	6
铁芯片宽/mm	130/120/110/100/80/50	铁芯叠厚/mm	86.5/13/8/6.5/9/7.5
高压线规/mm^2	2.35×3.75	低压线规/mm^2	4.75×9
高压匝数	1 559	低压匝数	36 三并一叠
高压层数	13	低压层数	2
高压油道	1	低压油道	0
线圈高度/mm	550	线圈内径/mm	204/132

（3）基于实测参数的计算。

根据实测数据，利用项目所述的基于结构参数的反推演算方法，对该配变进行计算，得到如表 5.18 所示的数据。

表 5.18 08Y020-03 配变验证计算结果对比

项目	铭牌值	标准值	计算值（假设全铜）	计算值（假设高压为铝）	计算值（假设全铝）
空载损耗	/	480 W	477 W	477 W	477 W
空载电流	/	0.8%	0.25%	0.25%	0.25%
负载损耗	/	3 830 W	3 456 W	4 228 W	5 884 W
短路阻抗	3.81%	3.75%	3.67%	3.75%	3.97%
总损耗	/	4 310 W	3 933 W	4 705 W	6 361 W
油面温升	/	55 K	45.7 K	52.7 K	64.8 K
器身质量	880 kg	/	989 kg	758 kg	724 kg
油质量	230 kg	/	211 kg	240 kg	229 kg
总质量	1 354 kg	/	1 379 kg	1 178 kg	1 132 kg

可以看出，基于结构参数的反推演算得到的结果与实际情况吻合。只有将配变高压绕组作为铝材质考虑时，计算结果才与实测数据相符，此时，性能与标准要求偏差才在合理范围内。图 5.71 为 08Y020-03 配变计算单。

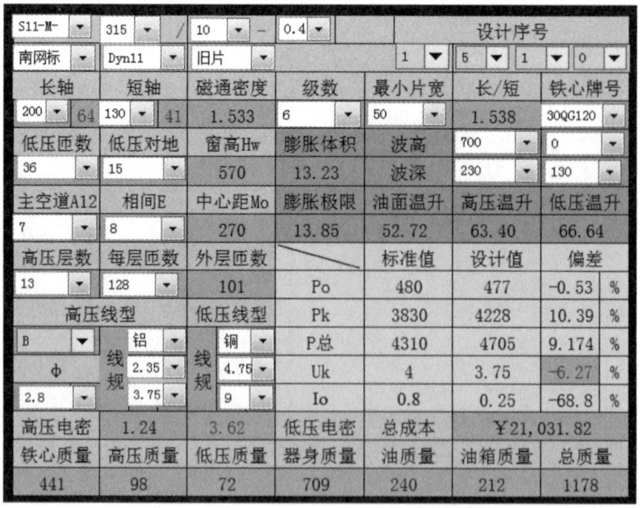

图 5.71 08Y020-03 配变计算单

4．#4、#5 配变

（1）配变基本信息。

配变基本信息如表 5.19 所示。

表 5.19　08GT3783、08GT4918 配变铭牌参数

项目	参数	项目	参数
型号	S11-M-50/10	额定容量/kVA	50
额定电压/kV	10	额定电流/A	2.89
短路阻抗	3.72%/3.67%	总质量/kg	480
器身质量/kg	240	油质量/kg	115
出厂序号	08GT3783/08GT4918	设计代号	1GT.710.2103
生产时间	2008 年 12 月/10 月	制造厂家	广东广特电气有限公司

如图 5.72 所示，两台配变为同一厂家、同一型号、同一设计代码产品，运行于广东电网公司云浮供电局辖区，因存在故障委托给变压器公司进行修复。

图 5.72　08GT3783/08GT4918 配变铭牌

（2）配变现场检查情况。

该配变外观未见明显异常，因配变已损坏，已不能进行性能参数测试，因此直接对其进行解体，解体后发现线圈已烧毁，而且高压绕组为铝材质，铝线外面漆有绝缘漆，从外观上看与铜很像，刮开漆后可见铝，如图 5.73～图 5.74 所示。

图 5.73　08GT3783/08GT4918 配变吊芯

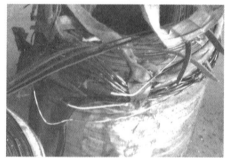

图 5.74　08GT3783/08GT4918 配变高压线圈

为验证基于结构参数反推演算进行材质鉴别方法的有效性，项目组人员对该配变的常规试验、外形尺寸及内部结构参数进行实测，结果见表5.20。

表5.20　08GT3783/08GT4918配变实测数据

配变编号：08GT3783/08GT4918			
检测地点：广东开平			
检测时间：2014.12.26			
外形尺寸			
油箱长/mm	695	油箱宽/mm	370
油箱高/mm	610	波高/mm	400
波深/mm	130	波数	13
节距/mm	45	波翅宽/mm	6
内部结构参数			
窗高/mm	310	中心距/mm	212
铁芯长、短轴/mm	140/80	铁芯级数	5
铁芯片宽/mm	80/70/60/50/35	铁芯叠厚/mm	68/19/7/5/7
高压线规/mm^2	$\phi 1.4$	低压线规/mm^2	2×13
高压匝数	3 377	低压匝数	78
高压层数	20	低压层数	4
高压油道	0	低压油道	0
线圈高度/mm	274	线圈内径/mm	147/86

（3）基于实测参数的计算。

根据实测的数据，利用项目所述的基于结构参数的反推演算方法，对该配变进行计算，得到如表5.21所示的数据。

表 5.21　08GT3783/08GT4918 配变验证计算结果对比

项目	铭牌值	标准值	计算值（假设全铜）	计算值（假设高压为铝）	计算值（假设全铝）
空载损耗	—	110 W	116 W	116 W	116 W
空载电流	—	1.4%	0.39%	0.39%	0.39%
负载损耗	—	910 W	669 W	840 W	1 138 W
短路阻抗	3.67%	4%	3.63%	3.77%	4.07%
总损耗	—	1 020 W	784 W	956 W	1 254 W
油面温升	—	55 K	28.8 K	33.1 K	40.4 K
器身质量	240 kg	—	330 kg	259 kg	248 kg
油质量	115 kg	—	105 kg	114 kg	111 kg
总质量	480 kg	—	511 kg	449 kg	435 kg

可以看出，基于结构参数的反推演算，得到的结果与实际情况吻合。只有将配变高压绕组作为铝材质考虑时，计算结果才与实测数据相符，此时，性能与标准要求偏差才在合理范围内。图 5.75 为 08GT3783/08GT4918 配变计算单。

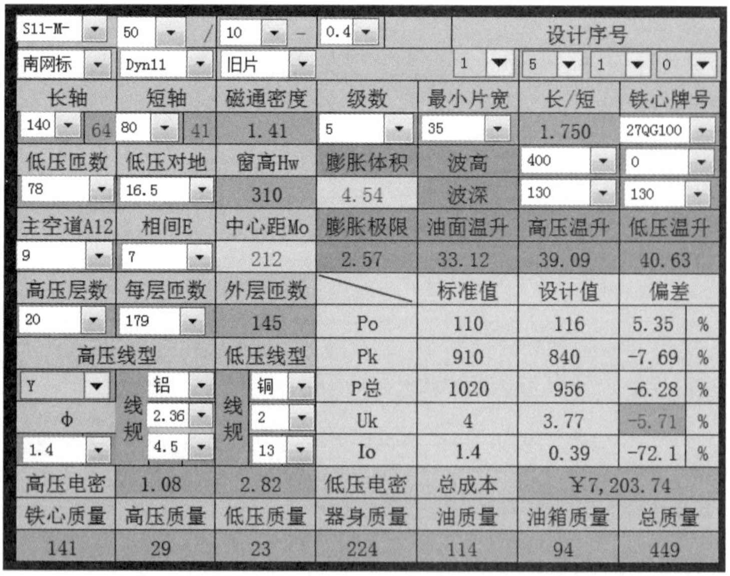

图 5.75　08GT3783/08GT4918 配变计算单

6

实例检测评估分析

6.1 概　述

本章针对所提出的热电效应法及反推演算法，以实际配变为对象，开展实际配变绕组材质鉴别应用测试，以评估方法的可行性、可靠性及有效性。

6.2 测试方案

6.2.1　反推演算法测试方案

从配变的设计角度出发，通过实测、厂家提供等方式获取配变的基本材料参数，包括外部结构、铁芯规格及尺寸、绕组规格及尺寸等，根据配变的设计原则和经验公式项目提出的计算软件，反推计算在保证性能合格的前提下，配变最可能的绕组材质，最后吊罩确认绕组材质。

6.2.2　热电效应法测试方案

基于热电效应的变压器绕组材质鉴别方法的检测平台主要包括变压器加热部分、温度测量部分和热电势测量部分，如表 6.1 和图 6.1 所示。

表 6.1　热电效应法测试设备

设备名称	型号	参数
PTC 加热模块	自制	220 V、1 200 W
高精度数字万用表	Fluke8846A	精度 6.5 位
温度计	TASI-8620	精度 ±0.1 ℃

图 6.1　热电效应法测试设备

检测平台接线如图 6.2 所示。方法如下：利用加热模块加热使变压器绕组升温，通过测量绕组两端在有一定温差时的热电势值来判断变压器绕组材质。

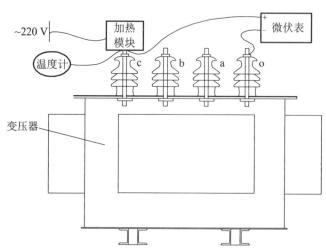

图 6.2　热电效应检测平台接线示意图

试验操作流程具体包括以下步骤：

（1）将 PTC 加热模块和加热模块安装在变压器一相接头上，用高精度直流电压表测量该相接头与 o 相接头之间的直流电压值，如图 6.3 所示。

图 6.3　热电效应检测平台接线实物图

（2）加热前调零使得初始直流电压值低于 5 μV，尽量在 0 μV 左右，如图 6.4 所示。

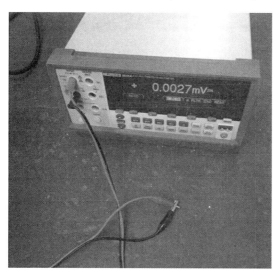

图 6.4　高精度数字万用表调零

（3）PTC 加热模块连通 220 V 交流电对变压器接头进行加热，使变压器升温，在绕组两端产生一定温差。

（4）加热至预定温度或热电势值趋于稳定。有以下条件可参考：

① 加热温度不低于 150 ℃。

② 10 min 内温度变化不大于 10 ℃。

③ 10 min 内热电势值变化不大于 5 μV。

（5）记录此时稳定时的热电势值和变压器绕组两端的温度值，如图 6.5 所示，试验结束。

图 6.5　热电效应热电势值及温度值记录

6.3　测试样品

检测对象为 20 个型号的配变（注：型号一致但外形不一样的按两个型号考虑），（见表 6.2）共 106 台配变。为使结果具有代表性，试验对每种型号配变均选取了 1 台进行测试，采用热电效应法和反推计算法两种方法进行对比测试。测试样品如图 6.6 所示。

表 6.2　测试样品清单

序号	型号	编号	厂家	同型存量/台
1	S11-M-50-10	01607016	广东某公司	7
2	S11-M-100-10	01608049	广东某公司	6
3	S11-M-125-10	01609051	广东某公司	2

续表

序号	型号	编号	厂家	同型存量/台
4	S11-M-160-10	01609039	广东某公司	2
5	S11-M-200-10	01609072	广东某公司	9
6	S11-M-200-10.5	01610028	广东某公司	5
7	S11-M-250-10	01610018	广东某公司	6
8	S11-M-250-10	01610014	广东某公司	7
9	S11-M-315-10	01610009	广东某公司	14
10	S11-M-315-10	01610011	广东某公司	8
11	S11-M-400-10	01610010	广东某公司	8
12	S11-M-400-10.5	01609016	广东某公司	6
13	S11-M-500-10.5	01609022	广东某公司	3
14	S11-M-500-10	01608012	广东某公司	5
15	S11-M-630-10	01608024	广东某公司	7
16	S11-M-630-10	01609079	广东某公司	4
17	S11-M-800-10	01609023	广东某公司	3
18	S11-M-800-10	01608032	广东某公司	2
19	S11-M-R-80/10	200612180	广东华力通	1
20	S11-M-315/10	0932	广东新里程	1

（a）

（b）

（c）

图 6.6　测试样品照片

6.4　测试过程

下边以图 6.7 所示的#9 样品（S11-M-315/10、出厂编号 01610009）为例，详细说明测试及计算过程。#9 样品的主要参数见表 6.3。

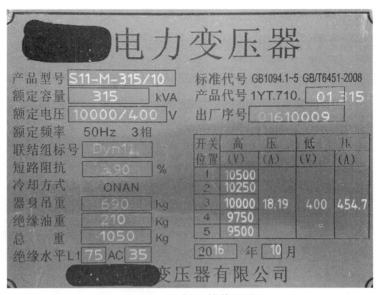

图 6.7　#9 样品铭牌照片

表 6.3 #9 样品主要参数

铭牌参数

型号	出厂日期	出厂编号	电压比	连接组别	阻抗%
S11-M-315/10	2016.10	01610009	10/0.4	Dyn11	3.90%

外观参数

总质量/器身质量/油质量	油箱尺寸（长×宽×高）	L1、L2 尺寸	散热片尺寸（高×深×节距）	散热片分布及数目
1050/690/210	885×445×920	51 30	700×140×45	四面 18 9

铁芯参数

窗高 H_w	中心距 M_0	形状	直径（或长、短轴）	级数	各级叠厚（中间往两边）	各级片宽（中间往两边）
510	275	椭圆	197×120	9	98/22.5/9.5/6.5/5/4/3.5/2.5/2	40~120（10）

高压绕组参数

高压线规	高压匝数	高压层数	高压油道分布（数目及位置）	高压端绝缘厚度	高压层间绝缘纸厚度及张数	主空道尺寸
$\phi 3$	1 455	10	0	12	0.18×1	6

低压绕组参数

低压线规	低压匝数	绕线方式（螺旋、圆筒）	低压层数	低压端绝缘厚度	低压叠并绕方式及根数	低压油道分布位置（数目及位置）	低压层间绝缘纸厚度及张数	低压线圈内径	高压线圈外径	线圈高度
箔绕，0.6×470	32	圆筒	1	10	1	0	0.18×1	209.5×126	364×266	470

1. 基于反推演算的绕组材质鉴别测试

该台配变的反推演算结果如图 6.8 所示。

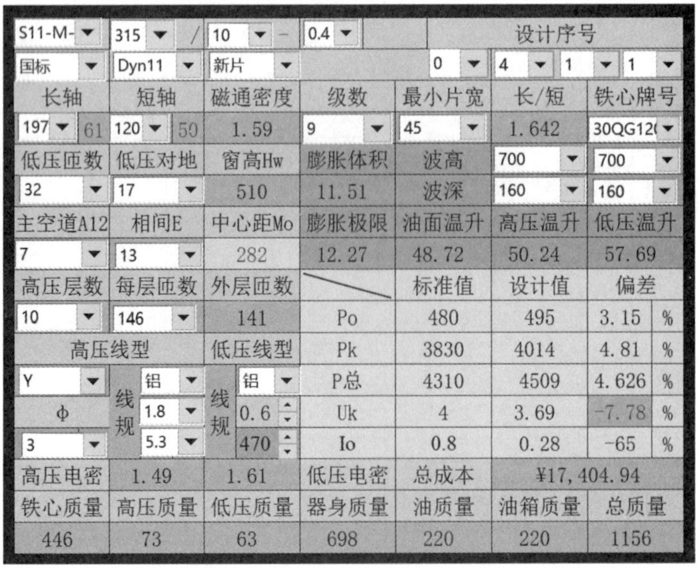

图 6.8　#9 样品反推演算结果

演算结果表明，该配变为铝质绕组。

2. 基于热电效应的绕组材质鉴别测试

测试过程如图 6.9 所示，测试结果如表 6.4 所示。

表 6.4　#9 样品热电效应测试结果

加热时间/min	端头温度/°C	热电势值/μV	结论
5	62	49.1	
10	75	58.0	
15	101	115.0	
20	142	153.4	
25	155	160.0	铝

图 6.9 #9 样品热电效应测试过程

3. 吊罩检查情况

经吊罩检查，确认该配变为铝材质，与反推演算结果与热电效应测试结果相符，如图 6.10 所示。

图 6.10 #9 样品吊罩检查结果

6.5 测试结果与分析

6.5.1 测试结果

测试结果如表 6.5 所示。

表 6.5　应用测试结果

序号	型号	编号	反推演算结果	热电检测结果			吊罩检查结果
				加热温度	热电势值	结果	
1	S11-M-50-10	01607016	铝	164	226.4	铝	铝
2	S11-M-100-10	01608049	铝	131	165.6	铝	铝
3	S11-M-125-10	01609051	铜	160.2	12.5	铜	铜
4	S11-M-160-10	01609039	铜	163.1	41.7	铜	铜
5	S11-M-200-10	01609072	铝	152	137.3	铝	铝
6	S11-M-200-10.5	01610028	铜	156	20	铜	铜
7	S11-M-250-10	01610018	铜	146	44	铜	铜
8	S11-M-250-10	01610014	铝	—	—	—	铝
9	S11-M-315-10	01610009	铝	155	160.0	铝	铝
10	S11-M-315-10	01610011	铜	156	17.2	铜	铜
11	S11-M-400-10	01610010	铝	145	131.1	铝	铝
12	S11-M-400-10.5	01609016	铜	152.7	13.9	铜	铜
13	S11-M-500-10.5	01609022	铜	152.7	88.6	可能为铝	铜
14	S11-M-500-10	01608012	铝	152	161.8	铝	铝
15	S11-M-630-10	01608024	铝	144.1	146.1	铝	铝
16	S11-M-630-10	01609079	铜	159	59.3	铜	铜
17	S11-M-800-10	01609023	铝	149	158.3	铝	铝
18	S11-M-800-10	01608032	铜	137	87	可能为铝	铜
19	S11-M-R-80/10	200612180	铜	150.1	20.1	铜	铜
20	S11-M-315/10	0932	铝	154	146.7	铝	铝

从测试结果可以看出：

（1）对于小容量配变（500 kVA 以下）。

① 反推演算法可对配变铜铝材质进行正确鉴别，应用检测了 7 个型号的铝变和 7 个型号的铜变，覆盖 82 台配变，正确率 100%。

② 热电效应法可对配变铜铝材质进行正确鉴别，用于检测出 6 个型号的铝变和 7 个型号的铜变，铜变热电势值均≤50 μV、铝变热电势值均≥120 μV，覆盖 75 台配变，正确率 100%。

（2）对于大容量配变（500 kVA 及以上）。

① 对大容量配变，反推演算法可以对铜铝材质正确鉴别，应用检测了 3 个型号的铝变和 3 个型号的铜变，覆盖 24 台配变，正确率 100%。

② 对大容量配变，铜铝材质配变热电势值处于（50 ~ 120 μV）存疑区间，出现误判，因此热电效应法不适用于大容量配度。

6.5.2 大容量误判分析

从结果可以看出，热电效应法对大容量（500 kVA 及以上）的配变反应不灵敏。

根据热电效应原理（见图 6.11），对于由两种不同导体串联组成的回路，不考虑塞贝克系数随温度的变化情况下的塞贝克效应热电势计算公式为：$U = (S_a - S_b)(T_1 - T_2)$。式中：$S_a$ 为导体 a 的塞贝克系数；S_b 为导体 b 的塞贝克系数；T_1 为导体 1 的温度；T_2 为导体 2 的温度。即温度梯度越大，热电效应越明显，热电势值越大。

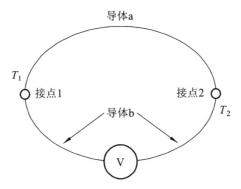

图 6.11　热电效应示意图

对于大容量配变，绕组体积大、散热面大。特别地，大容量配变低压侧绕组大多为箔绕，在绕组一端加热，温度在绕组上的分布梯度很大，绕组首尾两端温差较大，因此表现出随着容量的增大，铜绕组变压器的热电势出现逐渐升高的趋势。这与试验室内对单相铜线圈开展的试验结果相符。

需要说明的是，16 号铜材质的配变 S11-M-630/10 实测值较低，该结果似乎与上述结果相悖。事实上，该台变压器先后进行了 2 次试验，第一次值为 13 μV，经检查发现该配变导电杆螺纹较短（导电排是抱箍形式），而且加热装置未完全旋到位。第二次重新安装旋紧加热装置后电势值上升为 39.3 μV。可以推断，假如导电杆螺纹再长一些，加热模块与导电杆契合度再大一些，电势值将会明显上升。另一方面，因加热装置与导电杆契合度有限，对于大容量铝变来说，热电势值也不会无限制上升，加热模块加热与绕组散热存在着一个热平衡。因此，对于大容量配变来讲，铜铝的阈值界限比较模糊。图6.12为大小容量导电杆螺纹长短示意图。

图6.12　大小容量导电杆螺纹长短示意图

同时，可以提出建议：在实际测试时，应保证加热模块与导电杆应有足够的接触面，且接触良好。

6.5.3　高压绕组检测困难问题分析

测试还发现，在高压绕组端加热测试时，仪器热电势示数值跳跃波动无法测量，甚至出现过载错误显示。可能的原因如下：

对于低压绕组而言：从接线方式来说，绕组连接方式为星形接线。导电杆及引线铜牌为铜材质，则变压器绕组进线端和出线端回路中存在 2 处不同导体连接接头。根据热电效应原理，热电势主要在不同导体连接处产生，因此，当在 ao 间测试热电势时，电势值 U_{ao} 为两部分电压之和，即 $U_{ao}=U_1+U_2$。此时测到的即为 a 相绕组两端的热电势值。另外，从受热传导方面来说，低压绕组线径大且导电杆至接头位置距离近，热量容易传递到铜铝材之间形成温差，因此可以通过热电效应法进行检测。图 6.13 为相应的热电效应测试示意图。

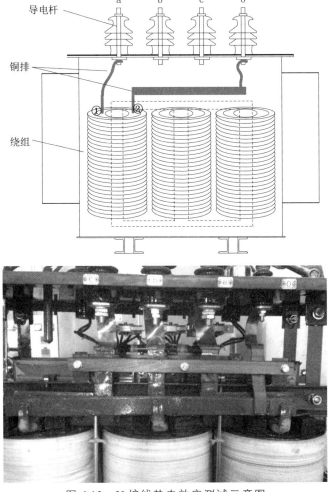

图 6.13 Y 接线热电效应测试示意图

对于高压绕组而言：从接线方式来说，绕组接线方式为角形接线。导电杆及引线铜牌为铜材质，则铝质变压器绕组进出线端回路中存在 6 处不同导体连接头。根据热电效应原理，热电势主要在不同导体连接处产生，因此当在 ab 间测试热电势时，电势值 U_{ab} 由两部分电压并列而成，即 $U_{ab} = (U_1 + U_2)//(U_3 + U_4 + U_5 + U_6)$，如图 6.14 所示。此时测到的并非某一绕组两端的电势值，而是多个不同导体连接处电势值，因此用两接点模型来计算存在不足。另外，从受热传导方面来说，高压绕组线径小且导电杆至接头位置距离远，散热较快，热量难以传递到绕组内部在铜铝材之间形成温差，因此难以通过热电效应法进行检测。

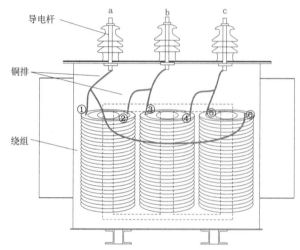

图 6.14　△接线热电效应测试示意图

6.6　测试结论

反推演算法可对配变铜铝材质进行正确鉴别，本次检测了 10 个型号的铝变和 10 个型号的铜变，覆盖 106 台配变，正确率 100%；热电效应法也可对配变铜铝材质进行正确鉴别，本次检测出 9 个型号的铝变和 8 个型号的铜变，错检 2 个型号，覆盖范围 99 台配变。热电效应法未鉴别出的配变主要是 500 kVA 容量及 800 kVA 容量。从结果可以看出，热电效应法对大容量（500 kVA 及以上）的配变反应不灵敏，表现为热电势值界限模糊。

综合上述测试应用，反推演算法适用于所有规格型号的配变，但是需要厂家提供关键结构参数，另外推算需要掌握一定的专业技术知识，要求较高；热电效应法操作简单，使用方便，尤其适用于容量 500 kVA 以下和低压绕组为铝材质的配变。因此，为提高配变绕组材质鉴别的快速性和准确性，推荐策略如下：对小容量（500 kVA 以下）配变优先使用热电效应法；对于大容量（500 kVA 及以上）配变优先使用反推演算法；当热电势值处于（50 ~ 120 μV）区间时，采用反推演算法作为补充。

[1] 国家能源局. ±800 kV 及以下直流换流站电气装置安装工程施工及验收规程：DL/T 5232—2010 [S]. 北京：中国电力出版社，2011.

[2] 中华人民共和国住房和城乡建设部，中华人民共和国国家质量监督检验检疫总局. ±800 kV 及以下换流站构支架施工及验收规范：GB 50777—2012[S]. 北京：中国计划出版社，2012：11.

[3] 中华人民共和国国家发展和改革委员会. 电力设备局部放电现场测量导则：DL/T 417—2006 [S]. 北京：中国电力出版社，2006.

[4] 国家电网公司. 向家坝—上海±800 kV 特高压直流输电示范工程设备研制卷[M]. 北京：中国电力出版社，2014.

[5] 赵畹君. 高压直流输电工程技术[M]. 北京：中国电力出版社，2011.

[6] 国家电网公司直流建设分公司. 换流站工程质量隐患排查工作手册[M]. 北京：中国电力出版社，2016.

[7] 国家电网公司. 中国三峡输变电工程. 直流工程与设备国产化卷[M]. 北京：中国电力出版社，2016.

[8] 中华人民共和国国家发展和改革委员会. 电力技术监督导则：DL/T 1051—2007 [S]. 北京：中国电力出版社，2007.

[9] 中华人民共和国国家发展和改革委员会. 高压电气设备绝缘技术监督规程：DL/T 1054—2007[S]. 北京：中国电力出版社，2007.

[10] 中华人民共和国国家发展和改革委员会. 电力设备监造技术导则：DL/T 586—2008 [S]. 北京：中国电力出版社，2008.

[11] 中华人民共和国国家发展和改革委员会. 高压直流设备验收试验：DL/T 377—2010 [S]. 北京：中国电力出版社，2010.

[12] 中华人民共和国国家发展和改革委员会. ±800 kV 高压直流设备交接试验：DL/T 274—2012[S]. 北京：中国电力出版社，2012.

[13] 中华人民共和国国家发展和改革委员会. 高压直流换流站设计技术规定：DL/T 5223—2005[S]. 北京：中国电力出版社，2005.

[14] 中华人民共和国国家发展和改革委员会. ±800 kV 及以下直流输电接地极施工及验收规程：DL/T 5231—2010 [S]. 北京：中国电力出版社，2010.

[15] 中华人民共和国国家发展和改革委员会. ±800 kV 及以下直流架空输电线路工程施工及验收规程：DL/T 5235—2010 [S]. 北京：中华人民共和国电力行业标准，2010.

[16] 中华人民共和国建设部，中华人民共和国国家质量监督检疫总局. 电气装置安装工程电气设备交接试验标准：GB 50150—2006[S]. 北京：中国电力出版社，2006.

[17] 中华人民共和国建设部 中华人民共和国国家质量监督检疫总局. 电力变压器 第3部分 绝缘水平、绝缘试验和外绝缘空气间隙：GB 1094.3—2003[S]. 北京：中国电力出版社，2003.

[18] 中华人民共和国建设部 中华人民共和国国家质量监督检疫总局. 高压直流输电用干式空心平波电抗器：GB/T 25092—2010[S]. 北京：中国电力出版社，2010.

[19] 中华人民共和国建设部 中华人民共和国国家质量监督检疫总局. 变流变压器 第2部分：高压直流输电用换流变压器：GB/T 18494.2—2007[S]. 北京：中国电力出版社，2007.

[20] 胡启凡. 变压器试验技术[M]. 北京：中国电力出版社，2011.